模式识别及 MATLAB 实现：
学习与实验指导

郭志强　主　编

杨　杰　副主编

电子工业出版社

Publishing House of Electronics Industry

北京·BEIJING

内 容 简 介

本书是与电子工业出版社出版的《模式识别及 MATLAB 实现》配套的学习指导书，在章节安排上与主教材一致，各章节内容包括本章知识结构、知识要点和实验指导，实验指导部分给出了实验步骤、MATLAB 代码和实验结果。实验的内容和训练对模式识别学习者有很大帮助，也为从事模式识别的工程技术人员提供了一定的指导。

图书在版编目（CIP）数据

模式识别及 MATLAB 实现：学习与实验指导 / 郭志强主编 . —北京：电子工业出版社，2017.9
ISBN 978-7-121-32373-7

Ⅰ. ①模…　Ⅱ. ①郭…　Ⅲ. ①模式识别－计算机辅助计算－Matlab 软件②人工智能－计算机辅助计算－Matlab 软件　Ⅳ. ①O235-39②TP183

中国版本图书馆 CIP 数据核字(2017)第 183906 号

策划编辑：董亚峰
责任编辑：赵　娜
印　　刷：北京七彩京通数码快印有限公司
装　　订：北京七彩京通数码快印有限公司
出版发行：电子工业出版社
　　　　　北京市海淀区万寿路 173 信箱　邮编：100036
开　　本：787×1 092　1/16　印张：13　字数：333 千字
版　　次：2017 年 9 月第 1 版
印　　次：2024 年 8 月第 6 次印刷
定　　价：38.00 元

凡所购买电子工业出版社图书有缺损问题，请向购买书店调换。若书店售缺，请与本社发行部联系，联系及邮购电话：(010) 88254888，88258888。

质量投诉请发邮件至 zlts@phei.com.cn，盗版侵权举报请发邮件至 dbqq@phei.com.cn。

本书咨询联系方式：(010) 88254694。

前　言

本书是武汉理工大学杨杰和郭志强编写的教材《模式识别及 MATLAB 实现》的学习和实验指导用书，可与教材配套使用，也可单独作为高等学校模式识别课程的教学与学习参考书，还可作为模式识别领域专业技术人员的参考资料。

模式识别是一门理论和工程应用都发展十分迅速的学科，尤其随着大数据的出现和互联网+的兴起，模式识别已伴随着人工智能技术渗透到人们生活的方方面面。"模式识别"作为信息类专业硕士研究生的学位课，主要介绍模式识别的基础知识和基本理论，为进一步研究模式识别理论和技术打下良好的基础。同时，模式识别也是一门实践性很强的学科，通过一定量的实验训练，有助于学习者加深理解和巩固所学的基本理论知识，也有助于提高其解决实际工程问题的能力。

全书分为 7 章，每章都按本章知识结构、知识要点和实验指导三部分编写。具体内容包括贝叶斯决策、参数估计、非参数判别分类法、聚类分析法、特征选择与提取、模糊模式识别及神经网络在模式识别中的应用，每章实验均给出了实验步骤、MATLAB 代码和实验结果。实验的内容和训练对模式识别学习者有很大帮助，也为从事模式识别的工程技术人员提供了一定的指导。

本书第 1～4 章由郭志强编写，第 5～7 章由杨杰编写，编者指导的研究生王贺、吴紫薇、林仲康和李博闻等参加了程序调试、插图和校对工作。在编写本书过程中，参阅了大量模式识别参考书，在此谨向有关作者表示衷心感谢。

由于作者水平所限，书中难免存在疏漏和不当之处，恳请读者批评指正。

目　录

第1章 贝叶斯决策

贝叶斯决策是统计决策的核心，其基本思想是根据各类特征的后验概率进行决策。通过贝叶斯公式，可以将后验概率的比较转为成类条件概率密度的比较，也可能定义两类之间的似然比或对数似然比进行决策。当样本类别的概率密度服从正态分类时，贝叶斯决策在工程实践中有较广泛的应用。本章知识结构如图1-1所示。

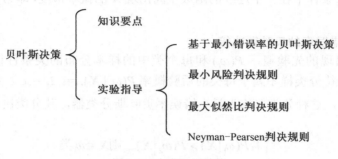

图1-1　本章知识结构

1.1　知识要点

1. 先验概率

先验概率在分类方法中有着重要的作用，它的函数形式及主要参数或者是已知的，或者是可通过大量抽样实验估计出来的。

若用 ω_1 和 ω_2 分别表示为两个类别，$P(\omega_1)$ 和 $P(\omega_2)$ 表示各自的先验概率，此时满足

$$P(\omega_1) + P(\omega_2) = 1$$

推广到 c 类问题中，$\omega_1, \omega_2, \cdots, \omega_c$ 表示 c 个类别，各自的先验概率用 $P(\omega_1), P(\omega_2), \cdots, P(\omega_c)$ 表示，则满足

$$P(\omega_1) + P(\omega_2) + \cdots + P(\omega_c) = 1$$

2. 类（条件）概率密度

类（条件）概率密度是指在某种确定类别条件下，模式样本 $\boldsymbol{X}$ 出现的概率密度分布函数，常用 $p(\boldsymbol{X}|\omega_i)(i \in 1, 2, \cdots, c)$ 来表示。在本书中，我们采用 $p(\boldsymbol{X}|\omega_i)$ 表示条件概率密度函数，

$P(X|\omega_i)$ 表示其对应的条件概率。$P(*|\#)$ 是条件概率的通用符号，在"|"后边出现的#为条件，之前的*为某个事件，即在某条件#下出现某个事件*的概率，如 $P(\omega_k|X)$ 表示在 X 出现条件下，样本为 ω_k 类的概率。

3. 后验概率

后验概率是在某个具体的模式样本 X 条件下，某种类别出现的概率，常以 $P(\omega_i|X)(i=1,2,\cdots,c)$ 表示。后验概率可以根据贝叶斯公式或式（1.1）计算出来并直接用作分类判决的依据。

$$P(\omega_i|X) = \frac{p(X|\omega_i)P(\omega_i)}{p(X)} \tag{1.1}$$

式中

$$p(X) = \sum_{i=1}^{c} p(X|\omega_i)P(\omega_i) \tag{1.2}$$

先验概率是指 $\omega_i(i=1,2,\cdots,c)$ 出现的可能性，不考虑其他任何条件。类条件概率密度函数 $p(X|\omega_i)$ 是指 ω_i 条件下在一个连续的函数空间出现 X 的概率密度，即第 ω_i 类样本的特征 X 是如何分布的。

4. 基于最小错误率的贝叶斯决策

当已知类别出现的先验概率 $P(\omega_i)$ 和每个类中的样本分布的类条件概率密度 $p(X|\omega_i)$ 时，可以求得一个待分类样本属于每类的后验概率 $P(\omega_i|X),i=1,2,\cdots,c$。将其划归到后验概率最大的那一类中，这种分类器称为最小错误率贝叶斯分类器，其分类决策准则可表示为：

①两类情况

$$\begin{cases} 若 P(\omega_1|X) > P(\omega_2|X)，则 X \in \omega_1 类 \\ 若 P(\omega_2|X) > P(\omega_1|X)，则 X \in \omega_2 类 \end{cases} \tag{1.3}$$

②多类情况

$$若 P(\omega_i|X) = \max\{P(\omega_j|X)\}, j=1,2\cdots,c, 则 X \in \omega_i 类 \tag{1.4}$$

由式（1.1），已知待识别样本 X 后，可以通过先验概率 $P(\omega_i)$ 和条件概率密度函数 $p(X|\omega_i)$ 得到样本 X 分属各类别的后验概率，显然这个概率值可以作为 X 类别归属的依据。该判别依据可以有以下几种等价形式。

从贝叶斯公式 [见式（1.1）] 可以看出，分母与 i 无关，即与分类无关，故分类规则又可表示为：

$$若\ p(X|\omega_i)P(\omega_i) = \max\{p(X|\omega_j)P(\omega_j)\}, j=1,2,\cdots,c, \quad 则\ X \in \omega_i 类 \tag{1.5}$$

对两类问题，式（1.5）相当于

$$\begin{cases} p(X|\omega_1)P(\omega_1) > p(X|\omega_2)P(\omega_2)，则 X \in \omega_1 类 \\ p(X|\omega_2)P(\omega_2) > p(X|\omega_1)P(\omega_1)，则 X \in \omega_2 类 \end{cases} \tag{1.6}$$

式（1.6）可改写为

$$l_{12}(\boldsymbol{X}) = \frac{P(\boldsymbol{X}|\omega_1) > P(\omega_2)}{P(\boldsymbol{X}|\omega_2) < P(\omega_1)}, \quad \boldsymbol{X} \in \begin{cases} \omega_1 \\ \omega_2 \end{cases} \qquad (1.7)$$

统计学中称 $l_{12}(\boldsymbol{X})$ 为似然比，$P(\omega_2)/P(\omega_1)$ 为似然比阈值。

对式（1.7）取自然对数，有

$$\ln l_{12}(\boldsymbol{X}) = \ln p(\boldsymbol{X}|\omega_1) - \ln p(\boldsymbol{X}|\omega_2) \gtrless \frac{\ln P(\omega_2)}{\ln P(\omega_1)}, \quad \boldsymbol{X} \in \begin{cases} \omega_1 \\ \omega_2 \end{cases} \qquad (1.8)$$

式（1.5）、式（1.7）和式（1.8）都是贝叶斯决策规则的等价形式。可以发现，上述分类决策规则实为"最大后验概率分类器"，易知其分类错误的概率为

$$p(e) = \int_{-\infty}^{\infty} p(e, \boldsymbol{X}) \mathrm{d}\boldsymbol{X} = \int_{-\infty}^{\infty} p(e|\boldsymbol{X}) p(\boldsymbol{X}) \mathrm{d}\boldsymbol{X}$$

而

$$p(e|\boldsymbol{X}) = \sum_{i=1}^{c} p(\omega_i|\boldsymbol{X}) - \max_{1 \leqslant i \leqslant c} p(\omega_i|\boldsymbol{X})$$

显然，当 $p(e|\boldsymbol{X})$ 取最小值时，$p(e)$ 为最小值，"最大后验概率分类器"与"最小错误率分类器"是等价的。

5．最小风险判决规则

最小错误率判决规则没有考虑错误判决带来的"风险"，或者说没有考虑某种判决带来的损失。同一问题中，不同的判决有不同的风险，例如判断细胞是否为癌细胞，可能有两种错误判决：①正常细胞错判为癌细胞；②癌细胞错判为正常细胞。但两种错误带来的风险并不相同。在①中，会给健康人带来不必要的精神负担；在②中，会使患者失去进一步检查和治疗的机会，造成严重后果。显然，第②种错误判决的风险大于第①种。

正是由于有判决风险的存在，仅考虑最小错误进行判决是不充分的，还必须考虑判决带来的风险，因此引入最小风险判决规则。事实上，最小风险判决规则也是一种贝叶斯分类方法。判决风险也可以理解为由判决而付出的代价，即使在做出正确判决的情况下，也会付出一定的代价，也会有损失。

假定有 c 类问题，用 $\omega_j(j=1,2,\cdots,c)$ 表示类别，用 $a_i(i=1,2,\cdots,a)$ 表示可以做出的判决。实际应用中，判决数 a 和类别数 c 可能相等；也可能不等，即允许除 c 类的 c 个决策之外，可以采用其他决策，如"拒绝"决策，此时 $\alpha = c+1$。

对于给定的模式 $\boldsymbol{X}$，令 $L(\alpha_i|\omega_j)$ 表示 $\boldsymbol{X} \in \omega_j$ 而判决为 α_i 的风险。若已做出判决 α_i，对 c 个不同类别 ω_j，有 c 个不同的 $L(\alpha_i|\omega_j)$。

假定某样本 $\boldsymbol{X}$ 的后验概率 $P(\omega_j|\boldsymbol{X})$ 已经确定，则有

$$P(\omega_1|\boldsymbol{X}) + P(\omega_2|\boldsymbol{X}) + \cdots + P(\omega_c|\boldsymbol{X}) = 1, j = 1,2,\cdots,c, \quad \text{且} \ P(\omega_j|\boldsymbol{X}) \geqslant 0$$

对于每一种判决 α_i，可求出随机变量 $L(\alpha_i|\omega_j)$ 的条件平均风险，也叫"条件平均损失"：

$$R(\alpha_i|\boldsymbol{X}) = E[L(\alpha_i|\omega_j)] = \sum_{j=1}^{c} L(\alpha_i|\omega_j) \cdot P(\omega_j|\boldsymbol{X}), \quad i = 1,2,\cdots,a \qquad (1.9)$$

最小风险判决规则就是把样本 $\boldsymbol{X}$ 归属于"条件平均风险最小"的那一种判决，也即

$$若 R(\alpha_i \mid X) = \min_{k=1,2,\cdots,a} \{R(\alpha_k \mid X)\}，则 X \in \omega_i \qquad (1.10)$$

实施最小风险判决规则的步骤如下：

① 给定样本 X，计算各类后验概率 $P(\omega_j \mid X)$，$j=1,2,\cdots,c$。

② 在已知风险矩阵的条件下，按照式（1.9）求各种判决的条件平均风险 $R(\alpha_i \mid X)$，$i=1,2,\cdots,a$。

③ 按照式（1.10），比较各种判决的条件平均风险，把样本 X 归属于条件平均风险最小的那一种判决。

6. 最大似然比判决规则

类条件概率密度函数 $p(X \mid \omega_i)$ 又称"似然函数"，两个类条件概率密度之比称为"似然比函数"。可定义为

$$l_{ij}(x) = \frac{p(X \mid \omega_i)}{p(X \mid \omega_j)} \qquad i,j = 1,2,\cdots,c，且 i \neq j \qquad (1.11)$$

最大似然比判决规则可描述为：类型 ω_i 分别与其他类型 $\omega_j (j=1,2,\cdots,c, j \neq i)$ 的似然比均大于相应的门限值 θ_{ij} 时，则样本 $X \in \omega_i$。事实上，最大似然比判决规则也是一种贝叶斯分类方法。

（1）由最小错误率判决规则引出最大似然比判决规则

下面以二分类问题为例，借助最小错误率判决规则引出最大似然比判决规则，若 $X \in \omega_1$，由式（1.6）可知最小错误率判决规则为

$$p(X \mid \omega_1) \cdot P(\omega_1) > p(X \mid \omega_2) \cdot P(\omega_2)$$

两边同时除以 $p(X \mid \omega_2) \cdot P(\omega_1)$ 有

$$\frac{p(X \mid \omega_1)}{p(X \mid \omega_2)} > \frac{P(\omega_2)}{P(\omega_1)}$$

类别 ω_1 与 ω_2 的似然比为

$$l_{12}(X) = \frac{p(X \mid \omega_1)}{p(X \mid \omega_2)}$$

则判决门限为

$$\theta_{12} = \frac{P(\omega_2)}{P(\omega_1)} \qquad (1.12)$$

当先验概率已知时，可求得 θ_{12}。所以"最小错误率判决规则"就变为

$$\begin{cases} l_{12}(X) > \theta_{12}, & X \in \omega_1 \\ l_{12}(X) < \theta_{12}, & X \in \omega_2 \\ l_{12}(X) = \theta_{12}, & X \in \omega_1 或 X \in \omega_2 \end{cases} \qquad (1.13)$$

（2）由最小风险判决规则引出最大似然比判决规则

也可由最小风险判决规则引出最大似然比判决规则，同样以二分类问题为例，若模式 $X \in \omega_1$，根据最小风险判决规则，则有

$$R(\alpha_1 = \omega_1 \mid X) < R(\alpha_2 = \omega_2 \mid X)$$

考虑到 $R(\alpha_i = \omega_i \mid \boldsymbol{X}) = \sum\limits_{j=1}^{2} L(\alpha_i \mid \omega_j) \cdot p(\omega_j \mid \boldsymbol{X})$，有

$$[L(\alpha_2 \mid \omega_1) - L(\alpha_1 \mid \omega_1)]P(\omega_1 \mid \boldsymbol{X}) > [L(\alpha_1 \mid \omega_2) - L(\alpha_2 \mid \omega_2)]P(\omega_2 \mid \boldsymbol{X})$$

即

$$\frac{P(\omega_1 \mid \boldsymbol{X})}{P(\omega_2 \mid \boldsymbol{X})} > \frac{L(\alpha_1 \mid \omega_2) - L(\alpha_2 \mid \omega_2)}{L(\alpha_2 \mid \omega_1) - L(\alpha_1 \mid \omega_1)}$$

又由贝叶斯公式

$$\frac{P(\omega_1 \mid \boldsymbol{X})}{P(\omega_2 \mid \boldsymbol{X})} = \frac{p(\boldsymbol{X} \mid \omega_1) \cdot P(\omega_1)}{p(\boldsymbol{X} \mid \omega_2) \cdot P(\omega_2)}$$

得

$$\frac{p(\boldsymbol{X} \mid \omega_1)}{p(\boldsymbol{X} \mid \omega_2)} > \frac{L(\alpha_1 \mid \omega_2) - L(\alpha_2 \mid \omega_2)}{L(\alpha_2 \mid \omega_1) - L(\alpha_1 \mid \omega_1)} \cdot \frac{P(\omega_2)}{P(\omega_1)} \tag{1.14}$$

即

$$l_{12}(\boldsymbol{X}) > \theta_{12}$$

式中

$$\theta_{12} = \frac{L(\alpha_1 \mid \omega_2) - L(\alpha_2 \mid \omega_2)}{L(\alpha_2 \mid \omega_1) - L(\alpha_1 \mid \omega_1)} \cdot \frac{P(\omega_2)}{P(\omega_1)} \tag{1.15}$$

为判决门限。

$$若 \, l_{ij}(\boldsymbol{X}) > \theta_{ij}，则 \, \boldsymbol{X} \in \omega_i \tag{1.16}$$

式中

$$\theta_{ij} = \frac{P(\omega_j)}{P(\omega_i)} \tag{1.17}$$

由最小风险判决规则导出

$$\theta_{ij} = \frac{[L(\alpha_i \mid \omega_j) - L(\alpha_i \mid \omega_j)] \cdot P(\omega_j)}{[L(\alpha_j \mid \omega_i) - L(\alpha_i \mid \omega_i)] \cdot P(\omega_i)} \tag{1.18}$$

同样，在 0～1 损失函数的情况下，式（1.18）退化为式（1.17）。

由于似然函数满足 $l_{ij}(\boldsymbol{X}) = \dfrac{1}{l_{ij}(\boldsymbol{X})}$，所以在 c 类问题中，若有一个 ω_i 满足式（1.16），则不可能再有另外的类别 $\omega_j(i \neq j)$ 满足式（1.16）。

7. Neyman-Pearsen 判决规则

在二分类问题中，贝叶斯判决规则的基本思想是根据类别的先验概率和类条件概率将样本的特征空间 R 划分成两个子区域 R_1 和 R_2。这时存在两种错误：一种是当样本 $\boldsymbol{X}$ 应属 ω_2 时，判决为 ω_1；另一种是当样本 $\boldsymbol{X}$ 应属 ω_1 时，判决为 ω_2。两种错误的概率分别为 $P_1(e) = \int_{R_2} p(\boldsymbol{X} \mid \omega_1) \mathrm{d}\boldsymbol{X}$，$P_2(e) = \int_{R_1} p(\boldsymbol{X} \mid \omega_2) \mathrm{d}\boldsymbol{X}$，总的错误之和 $P(e)$ 为

$$P(e) = P(\omega_2) \cdot P_2(e) + P(\omega_1) \cdot P_1(e) \tag{1.19}$$

最小错误率贝叶斯决策是使 $P(e)$ 为最小。

$$\varepsilon_{12} = P_1(e) = \int_{R_2} p(\boldsymbol{X} \mid \omega_1) \mathrm{d}\boldsymbol{X} \tag{1.20}$$

$$\varepsilon_{21} = P_2(e) = \int_{R_1} p(\boldsymbol{X} \mid \omega_2) \mathrm{d}\boldsymbol{X} \tag{1.21}$$

假定 ε_{21} 保持不变，为某个给定的正数，令

$$\varepsilon = \varepsilon_{12} + \mu \varepsilon_{21} \tag{1.22}$$

为使 ε_{12} 最小化，就要通过适当地选择某个正数 μ 使 ε 最小。

$$\varepsilon_{12} = 1 - \int_{R_1} p(\boldsymbol{X} \mid \omega_1) \mathrm{d}\boldsymbol{X} \tag{1.23}$$

$$\varepsilon_{21} = 1 - \int_{R_2} p(\boldsymbol{X} \mid \omega_2) \mathrm{d}\boldsymbol{X} \tag{1.24}$$

将式（1.23）和式（1.21）代入式（1.22），得

$$\varepsilon = 1 + \int_{R_1} [\mu p(\boldsymbol{X} \mid \omega_2) - p(\boldsymbol{X} \mid \omega_1)] \mathrm{d}\boldsymbol{X} \tag{1.25}$$

将式（1.24）和式（1.20）代入式（1.22），得

$$\varepsilon = \mu + \int_{R_2} [p(\boldsymbol{X} \mid \omega_1) - \mu p(\boldsymbol{X} \mid \omega_2)] \mathrm{d}\boldsymbol{X} \tag{1.26}$$

为了使 ε 最小化，上两式中的被积函数最好为负数，从而得到 Neyman-Pearsen 判决规则为

$$\begin{cases} \text{若 } \dfrac{p(\boldsymbol{X} \mid \omega_1)}{p(\boldsymbol{X} \mid \omega_2)} > \mu, & \text{则} \boldsymbol{X} \in \omega_1 \text{类} \\[3mm] \text{若 } \dfrac{p(\boldsymbol{X} \mid \omega_1)}{p(\boldsymbol{X} \mid \omega_2)} < \mu, & \text{则} \boldsymbol{X} \in \omega_2 \text{类} \end{cases} \tag{1.27}$$

从式（1.27）可以看出，Neyman-Pearsen 判决规则归结为寻找判决阈值 μ，显然 μ 是 $\boldsymbol{X}$ 的函数，根据上式，要求 $\mu(\boldsymbol{X})$ 为

$$\mu(\boldsymbol{X}) = \frac{p(\boldsymbol{X} \mid \omega_1)}{p(\boldsymbol{X} \mid \omega_2)} \tag{1.28}$$

为了最后确定判决阈值，利用给定的正数 ε_{21}，由式（1.21）可得

$$\varepsilon_{21} = \int_{-\infty}^{\mu^{-1}(\boldsymbol{X})} p(\boldsymbol{X} \mid \omega_2) \mathrm{d}\boldsymbol{X} \tag{1.29}$$

式中，$\mu^{-1}(\boldsymbol{X})$ 为 $\mu(\boldsymbol{X})$ 的逆函数。

8. 正态分布中的贝叶斯分类方法

由式（1.5）的最小错误率的判决准则，可得其对应的判别函数为

$$g_i(\boldsymbol{X}) = p(\boldsymbol{X} \mid \omega_i) \cdot P(\omega_i), \quad i = 1, 2, \cdots, c \tag{1.30}$$

对 c 类问题，其判决规则为

$$g_i(\boldsymbol{X}) > g_j(\boldsymbol{X}), i = 1, 2, \cdots, c, j \neq i \Rightarrow \boldsymbol{X} \in \omega_i \tag{1.31}$$

此时任两个类别的决策面方程为

$$g_i(\boldsymbol{X}) = g_j(\boldsymbol{X}) \tag{1.32}$$

设 $\boldsymbol{X}$ 为 n 维特征向量，且 $p(\boldsymbol{X} \mid \omega_i)$ 服从正态分布的，即 $p(\boldsymbol{X} \mid \omega_i) \sim N(\boldsymbol{\mu}_i, \boldsymbol{\Sigma}_i)$，则

$$g_i(\boldsymbol{X}) = \frac{P(\omega_i)}{(2\pi)^{n/2} |\boldsymbol{\Sigma}_i|^{1/2}} \exp\left[-\frac{1}{2}(\boldsymbol{X} - \boldsymbol{\mu}_i)^{\mathrm{T}} \boldsymbol{\Sigma}_i^{-1} (\boldsymbol{X} - \boldsymbol{\mu}_i)\right] \tag{1.33}$$

为了方便计算，对原判别函数取对数，$g_i(X)$ 可写为如下形式：

$$g_i(X) = -\frac{1}{2}(X-\mu_i)^{\mathrm{T}} \Sigma_i^{-1}(X-\mu_i) - \frac{n}{2}\ln 2\pi - \frac{1}{2}\ln|\Sigma_i| + \ln P(\omega_i) \tag{1.34}$$

式中，$\frac{n}{2}\ln 2\pi$ 与类别无关，不影响分类决策，可以去掉。因此 $g_i(X)$ 可进一步简化为

$$g_i(X) = -\frac{1}{2}(X-\mu_i)^{\mathrm{T}} \Sigma_i^{-1}(X-\mu_i) - \frac{1}{2}\ln|\Sigma_i| + \ln P(\omega_i) \tag{1.35}$$

将式（1.35）代入式（1.32），得

$$-\frac{1}{2}\left(\ln|\Sigma_i| - \ln|\Sigma_j|\right) - \frac{1}{2}\left[(X-\mu_i)^{\mathrm{T}} \Sigma_i^{-1}(X-\mu_i) - (X-\mu_j)^{\mathrm{T}} \Sigma_j^{-1}(X-\mu_j)\right] + \ln\frac{P(\omega_i)}{P(\omega_j)} = 0 \tag{1.36}$$

式中，Σ_i 为 ω_i 类的 $n\times n$ 维协方差矩阵，$\mu_i = (\mu_1, \mu_2, \cdots, \mu_n)^{\mathrm{T}}$ 为 ω_i 类的 n 维均值向量，$X = (x_1, x_2, \cdots, x_n)^{\mathrm{T}}$ 为 n 维的特征向量，Σ_i^{-1} 为 Σ_i 的逆阵，$|\Sigma_i|$ 为 Σ_i 的行列式。

设 $\Sigma_i = \sigma^2 I$，即每类的协方差矩阵都相等，类内各特征维度间相互独立，且方差相同。

$$\Sigma_i = \sigma^2 I = \begin{bmatrix} \sigma^2 & \cdots & 0 \\ \vdots & \ddots & \vdots \\ 0 & \cdots & \sigma^2 \end{bmatrix}$$

式（1.34）的判别函数重写为

$$g_i(X) = -\frac{1}{2}(X-\mu_i)^{\mathrm{T}} \Sigma_i^{-1}(X-\mu_i) - \frac{n}{2}\ln 2\pi - \frac{1}{2}\ln|\Sigma_i| + \ln P(\omega_i)$$

将式中与类别无关的项 $\Sigma_i = \sigma^2 I$，$\Sigma_i^{-1} = I/\sigma^2$，$|\Sigma_i| = \sigma^{2n}$，$\frac{n}{2}\ln 2\pi$ 去掉，判别函数可简化为

$$g_i(X) = -\frac{\|X-\mu_i\|^2}{2\sigma^2} + \ln P(\omega_i) \tag{1.37}$$

式中

$$\|X-\mu_i\|^2 = (X-\mu_i)^{\mathrm{T}}(X-\mu_i)$$

1.2　实验指导

 ## 1.2.1　基于最小错误率的贝叶斯决策

1．实验内容
①学习、理解基于最小错误率贝叶斯决策的基本原理。
②设计贝叶斯决策的 MATLAB 算法，对一定数据进行分析，验证算法的正确性。
③对实验结果进行总结分析。
2．实验原理
本次实验所采用的 iris 数据样本具有 $d = 4$ 个特征，样本数据其正态分布的概率密度函

数为

$$p(\boldsymbol{X}) = \frac{1}{(2\pi)^{\frac{d}{2}}|\boldsymbol{\Sigma}|^{\frac{1}{2}}} \exp\left\{-\frac{1}{2}(\boldsymbol{X}-\boldsymbol{\mu})\boldsymbol{\Sigma}^{-1}(\boldsymbol{X}-\boldsymbol{\mu})^{\mathrm{T}}\right\}$$

式中，$\boldsymbol{X} = [x_1, x_2, \cdots, x_d]$ 是 d 维行向量，$\boldsymbol{\mu} = [\mu_1, \mu_2, \cdots, \mu_d]$ 是 d 维行向量，$\boldsymbol{\Sigma}$ 是 $d \times d$ 维协方差矩阵，$\boldsymbol{\Sigma}^{-1}$ 是 $\boldsymbol{\Sigma}$ 的逆矩阵，$|\boldsymbol{\Sigma}|$ 是 $\boldsymbol{\Sigma}$ 的行列式。使用如下的函数作为判别函数

$$g_i(\boldsymbol{X}) = p(\boldsymbol{X}|\omega_i)P(\omega_i), \qquad i = 1, 2, 3 \text{（3 个类别）}$$

式中，$P(\omega_i)$ 为类别 ω_i 发生的先验概率，$p(\boldsymbol{X}|\omega_i)$ 为类别 ω_i 的类条件概率密度函数。如果使 $g_i(\boldsymbol{X}) > g_j(\boldsymbol{X})$ 对一切 $j \neq i$ 成立，则将 $\boldsymbol{X}$ 归为 ω_i 类。根据假设：类别 ω_i，$i = 1, 2, \cdots, N$ 的类条件概率密度函数 $p(\boldsymbol{X}|\omega_i)$，$i = 1, 2, \cdots, N$ 服从正态分布，即有 $p(\boldsymbol{X}|\omega_i) \sim N(\boldsymbol{\mu}_i, \boldsymbol{\Sigma}_i)$，则上式可以写为

$$g_i(\boldsymbol{X}) = \frac{P(\omega_i)}{(2\pi)^{\frac{d}{2}}|\boldsymbol{\Sigma}|^{\frac{1}{2}}} \exp\left\{-\frac{1}{2}(\boldsymbol{X}-\boldsymbol{\mu})\boldsymbol{\Sigma}^{-1}(\boldsymbol{X}-\boldsymbol{\mu})^{\mathrm{T}}\right\}, \quad i = 1, 2, 3$$

对上式右端取对数，可得

$$g_i(\boldsymbol{X}) = -\frac{1}{2}(\boldsymbol{X}-\boldsymbol{\mu}_i)\boldsymbol{\Sigma}_i^{-1}(\boldsymbol{X}-\boldsymbol{\mu}_i)^{\mathrm{T}} + \ln P(\omega_i) - \frac{1}{2}\ln|\boldsymbol{\Sigma}_i| - \frac{d}{2}\ln(2\pi)$$

上式中的第二项与样本所属类别无关，将其从判别函数中消去，不会改变分类结果。则判别函数 $g_i(\boldsymbol{X})$ 可简化为以下形式

$$g_i(\boldsymbol{X}) = -\frac{1}{2}(\boldsymbol{X}-\boldsymbol{\mu}_i)\boldsymbol{\Sigma}_i^{-1}(\boldsymbol{X}-\boldsymbol{\mu}_i)^{\mathrm{T}} + \ln P(\omega_i) - \frac{1}{2}\ln|\boldsymbol{\Sigma}_i|$$

3．实验方法及程序

①从 Iris.txt 文件中读取估计参数用的样本，每一类样本抽出前 40 个，分别求其均值，代码如下：

```
clear
%原始数据导入
iris = load('C:\Matlab7\work\模式识别\iris.txt');
N=40;%每组取 N=40 个样本

%求第一类样本均值
for i = 1:N
    for j = 1:4
        w1(i,j) = iris(i,j+1);
    end
end
sumx1 = sum(w1,1);
for i=1:4
    meanx1(1,i)=sumx1(1,i)/N;
end
```

```
%求第二类样本均值
for i = 1:N
    for j = 1:4
        w2(i,j) = iris(i+50,j+1);
    end
end
sumx2 = sum(w2,1);
for i=1:4
    meanx2(1,i)=sumx2(1,i)/N;
end

%求第三类样本均值
for i = 1:N
    for j = 1:4
        w3(i,j) = iris(i+100,j+1);
    end
end
sumx3 = sum(w3,1);
for i=1:4
    meanx3(1,i)=sumx3(1,i)/N;
end
```

②求每一类样本的协方差矩阵、逆矩阵 Σ_i^{-1} 及协方差矩阵的行列式 $|\Sigma_i|$，代码如下：

```
%求第一类样本协方差矩阵
z1(4,4) = 0;
var1(4,4) = 0;
for i=1:4
for j=1:4
    for k=1:N
        z1(i,j)=z1(i,j) + (w1(k,i) -
    meanx1(1,i)) * (w1(k,j)-meanx1(1,j));
    end
    var1(i,j) = z1(i,j) / (N-1);
end
end

%求第二类样本协方差矩阵
z2(4,4) = 0;
var2(4,4) = 0;
for i=1:4
```

```
    for j=1:4
        for k=1:N
            z2 (i,j) =z2 (i,j) +
        (w2 (k,i) -meanx2 (1,i)) * (w2 (k,j) -meanx2 (1,j)) ;
            end
             ar2 (i,j) = z2 (i,j) / (N-1) ;
    end
end

%求第三类样本协方差矩阵
z3 (4,4) = 0;
var3 (4,4) = 0;
for i=1:4
  for j=1:4
    for k=1:N
            z3 (i,j) =z3 (i,j) + (w3 (k,i) -
        meanx3 (1,i)) * (w3 (k,j) -meanx3 (1,j)) ;
            end
             var3 (i,j) = z3 (i,j) / ( N-1) ;
    end
end

%求各类的协方差矩阵逆矩阵及行列式
var1_inv = [];var1_det = [];
var2_inv = [];var2_det = [];
var3_inv = [];var3_det = [];
var1_inv = inv (var1)
var2_inv = inv (var2)
var3_inv = inv (var3)
var1_det = det (var1)
var2_det = det (var2)
var3_det = det (var3)
```

③对 3 个类别, 分别取每组剩下的 10 个样本, 每两组进行分类。由于每一类样本都相等, 且每一类选取用作训练的样本也相等, 在每两组进行分类时, 待分类样本的类先验概率 $P(\omega_i) = 0.5$。将各个样本代入判别函数:

$$g_i(X) = -\frac{1}{2}(X - \mu_i)\Sigma_i^{-1}(X - \mu_i)^{\mathrm{T}} + \ln P(\omega_i) - \frac{1}{2}\ln|\Sigma_i|$$

根据判决规则, 如果使 $g_i(X) > g_j(X)$ 对一切 $j \neq i$ 成立, 则将 X 归为 ω_i 类。若取第一类后 10 个数据和第二类进行分类, 则代码如下:

```
M=10;
for i = 1:M
    for j = 1:4
        test(i,j) = iris(i+50,j+1);%取测试数据
    end
end
t1=0;t2=0;t3=0;
for i = 1:M
    x=test(i,1);y=test(i,2);
    z=test(i,3);h=test(i,4);
    g1 = (-0.5)*([x,y,z,h]-meanx1)*var1_inv*([x,y,z,h]'-meanx1')
- 0.5*log(abs(var1_det)) + log(p1);
    g2 = (-0.5)*([x,y,z,h]-meanx2)*var2_inv*([x,y,z,h]'-meanx2')
- 0.5*log(abs(var2_det)) + log(p2);
        if g1>g2
            t1=t1+1     %若 g1>g2,则属于第一类,否则属于第二类,并统计属于每一类
的个数
        else
            t2=t2+1
        end
end
```

同理,第二类和第三类、第一类和第三类可进行分类。

4.实验结果及分析

①取第一类样本的后 10 个数据,按 ω_1, ω_2 分类,由 t1=10 可知,此 10 个数据属于 ω_1,分类正确;同理,按 ω_1, ω_3 分类,由 t1=10 可知,此 10 个数据属于 ω_1,分类正确。

②取第二类样本的后 10 个数据,按 ω_1, ω_2 分类,由 t2=10 可知,此 10 个数据属于 ω_2,分类正确;同理,按 ω_2, ω_3 分类,由 t2=10 可知,此 10 个数据属于 ω_2,分类正确。

③取第三类样本的后 10 个数据,按 ω_1, ω_3 分类,由 t3=10 可知,此 10 个数据属于 ω_2,分类正确;同理,按 ω_2, ω_3 分类,由 t3=10 可知,此 10 个数据属于 ω_3,分类正确。

④表 1-1 为 ω_1, ω_2, ω_3 的样本类的均值。

表 1-1 三类样本均值

特 征 类 别	x_1	x_2	x_3	x_4
ω_1 类	5.0375	3.4525	1.46	0.235
ω_2 类	6.01	2.78	4.3175	1.35
ω_3 类	6.6225	2.96	5.6075	1.99

由表 1-1 可知，对于样本 ω_1，ω_2，ω_3，其第二个特征的均值 x_2 相差不大，对于分类的作用不如其他 3 个特征作用大，因此略去第二个特征，在三维坐标空间画出降为三维主特征的三类样本点的空间分布，如图 1-2 所示。

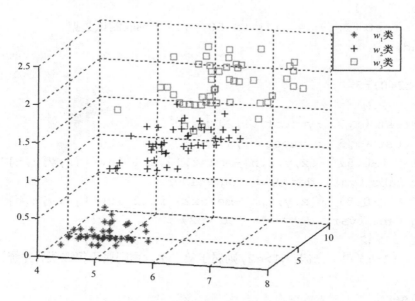

图 1-2　去掉第二个特征的三类样本空间位置

图 1-2 中，"*" 为 ω_1 类，"+" 为 ω_2 类，"□" 为 ω_3 类，显然 ω_1 类和 ω_2 类以及 ω_3 类特征差异比较明显，而 ω_2 类与 ω_3 类差异较小，对于位于 ω_2、ω_3 类类间分解面附近的样本，使用最小错误率贝叶斯决策时，可能会出现错分情况。在实验中，对 ω_2 类 50 个样本分类，结果为 $t_2 = 48$，$t_3 = 2$，错分 2 个到 ω_3 类；对 ω_3 类 50 个样本分类，结果为 $t_2 = 0$，$t_3 = 50$，分类正确。

 ### 1.2.2　最小风险判决规则

1．实验内容

①了解最小风险判决的基本原理。

②掌握最小风险判决规则的算法设计方法及 MATLAB 仿真。

2．实验原理

采用最小错误率判决规则进行判决时没有考虑错误判决带来的"风险"，正是由于有判决风险的存在，仅考虑最小错误进行判决是不充分的，还必须考虑判决带来的风险。

假定有 c 类问题，用 $\omega_j (j = 1, 2, \cdots, c)$ 表示类别，用 $a_i (i = 1, 2, \cdots, a)$ 表示可以做出的判决。对于给定的模式 $\boldsymbol{X}$，令 $L(\alpha_i \mid \omega_j)$ 表示 $\boldsymbol{X} \in \omega_j$ 而判决为 α_i 的风险。若已做出判决 α_i，对 c 个不同类别 ω_j，有 c 个不同的 $L(\alpha_i \mid \omega_j)$。

假定某样本 $\boldsymbol{X}$ 的后验概率 $P(\omega_j \mid \boldsymbol{X})$ 已经确定，则有

$$P(\omega_1 \mid \boldsymbol{X}) + P(\omega_2 \mid \boldsymbol{X}) + \cdots + P(\omega_c \mid \boldsymbol{X}) = 1, j = 1, 2, \cdots, c，且 P(\omega_j \mid \boldsymbol{X}) \geqslant 0，$$

对于每一种判决 α_i，可求出随机变量 $L(\alpha_i | \omega_i)$ 的条件平均风险，也叫"条件平均损失"：

$$R(\alpha_i | X) = E[L(\alpha_i | \omega_j)] = \sum_{j=1}^{c} L(\alpha_i | \omega_j) \cdot P(\omega_j | X)，i=1,2,\cdots,a \qquad (1.19)$$

最小风险判决规则就是把样本 X 归属于"条件平均风险最小"的那一种判决。即

$$若 R(\alpha_i | X) = \min_{k=1,2,\cdots,a} \{R(\alpha_k | X)\}，则 X \in \omega_i \qquad (1-20)$$

实施最小风险判决规则的步骤如下：

①给定样本 X，计算各类后验概率 $P(\omega_j | X)$，$j=1,2,\cdots,c$。

②在已知风险矩阵的条件下，按照式（1.19）求各种判决的条件平均风险 $R(\alpha_i | X)$，$i=1,2,\cdots,a$。

③按照式（1.20），比较各种判决的条件平均风险，把样本 X 归属于条件平均风险最小的那一种判决。

3．实验方法及程序

设计一个算法，求出风险值及分类结果，绘制出相应曲线。

```
function [R1_x,R2_x,result]=smalltestbayes(x,pw1,pw2)
m=numel(x) ；%得到待测细胞数目
R1_x=zeros(1,m);%存放把样本 x 判为正常细胞所造成的整体损失
R2_x=zeros(1,m);%存放把样本 x 判为异常细胞所造成的整体损失
result=zeros(1,m); %存放比较结果
%类条件概率分布 px_w1:(-2,0.25) px_w2:(2,2)
e1=-2;
a1=0.5;
e2=2;
a2=2;
%风险决策值表
r11=0;
r12=4;
r21=4;
r22=0;
%计算两类风险值
for i=1:m
R1_x(i)=r11*pw1*normpdf(x(i),e1,a1)/(pw1*normpdf(x(i),e1,a1)+pw2
*normpdf(x(i),e2,a2))+r21*pw2*normpdf(x(i),e2,a2)/(pw1*normpdf(x(i)
,e1,a1)+pw2*normpdf(x(i),e2,a2));
    R2_x(i)=r12*pw1*normpdf(x(i),e1,a1)/(pw1*normpdf(x(i),e1,a1)+pw2
*normpdf(x(i),e2,a2))+r22*pw2*normpdf(x(i),e2,a2)/(pw1*normpdf(x(i)
,e1,a1)+pw2*normpdf(x(i),e2,a2));
    end
for i=1:m
    if R2_x(i)>R1_x(i)
```

```
                result(i)=0;
            else
                result(i)=1;
            end
        end
    a=[-5:0.05:5];%取样本点画图
    n=numel(a);
    R1_plot=zeros(1,n);
    R2_plot=zeros(1,n);
    for j=1:n

R1_plot(j)=r11*pw1*normpdf(a(j),e1,a1)/(pw1*normpdf(a(j),e1,a1)+pw2
*normpdf(a(j),e2,a2))+r21*pw2*normpdf(a(j),e2,a2)/(pw1*normpdf(a(j)
,e1,a1)+pw2*normpdf(a(j),e2,a2));

R2_plot(j)=r12*pw1*normpdf(a(j),e1,a1)/(pw1*normpdf(a(j),e1,a1)+pw2
*normpdf(a(j),e2,a2))+r22*pw2*normpdf(a(j),e2,a2)/(pw1*normpdf(a(j)
,e1,a1)+pw2*normpdf(a(j),e2,a2));
    end

    figure(1)
    hold on
    plot(a,R1_plot,'b-',a,R2_plot,'g-')
    for k=1:m
        if result(k)==0
            plot(x(k),-0.1,'b^')%正常细胞用上三角
        else
            plot(x(k),-0.1,'go')%异常细胞用圆表示
        end
    end
    legend('正常细胞','异常细胞','location','best')
    xlabel('细胞分类结果')
    ylabel('条件风险')
    title('风险判决曲线')
    grid on
    return
```

主窗口函数：

```
    x=[-3.9847  -3.5549  -1.2401  -0.9780  -0.7932  -2.8531  -2.7605
-3.7287  -2.5414  -2.2692  -3.4549  -3.0752  -3.9934  2.8792
```

```
-0.9780 0.7932  1.1882  3.0682  -1.5799  -1.4885  -0.7431  -0.4221
-1.1186  4.2532];
    pw1=0.9;pw2=0.1;%正常细胞的先验概率为0.9，异常细胞概率为0.1
    [R1_x,R2_x,result]=smalltestbayes（x,pw1,pw2）
```

4．实验结果与分析

运行结果如下：R1_x 为正常细胞的风险值，R2_x 为异常细胞的风险值，result 为细胞类型判定结果，以及相应的风险判决曲线与分类结果，如图 1-3 所示。

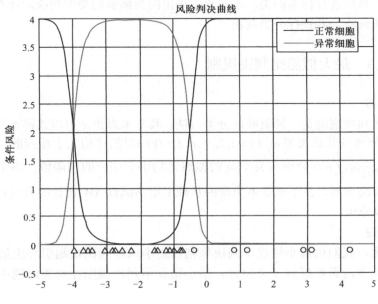

图 1-3　细胞分类结果

```
 R1_x=
Columns 1 through 12
1.8180  0.2752  0.0927  0.2758  0.6466  0.0249  0.0207  0.6132  0.0151
 0.013   0.1775  0.0443
Columns 13 through 24
1.8738  4.0000  0.2758  4.0000  4.0000  0.0316  0.0405  0.8140  2.6395
 0.1500  4.0000
 R2_x=
Columns 1 through 12
2.1820  3.7248  3.9073  3.7242  3.3534  3.9751  3.9793  3.3868  3.9849
 3.9869  3.825   3.9557
Columns 13 through 24
2.1262  0.0000  3.7242  0.0000  0.0000  0.0000  3.9694  3.9595  3.1860
 1.3605  3.8500  0.0000
Result=
```

```
Columns 1 through 21
    0    0    0    0    0    0    0    0    0    1    0    1    0    1    1    1    0    0    0
Columns 22 through 24
    1    0    1
```

5．实验总结

最小风险判决规则即在考虑最小错误进行判决的条件下，考虑判决带来的风险。主要求解流程是首先计算出样本的各类后验概率，在已知风险矩阵条件下求解各类判决条件的风险，比较各类风险后进行样本归类。本实验中采用的为细胞的类型判决，计算出正常细胞与异常细胞的判决风险，并进行分类判决。

 ### 1.2.3 最大似然比判决规则

1．实验内容

最大似然比判决规则是一种贝叶斯分类方法，其基本思想是把模式样本归属于这样的类型 ω_i，类型 ω_i 分别与其他类型 ω_j $(j=1,2,\cdots,c,j\neq i)$ 的似然比均大于相应的门限值，而其他类型 ω_j $(j=1,2,\cdots,c,j\neq i)$ 分别与类型 ω_i 的似然比均小于相应的门限值。本实验是设计并实现最大似然比判决规则，在了解基本原理的基础上用 MATLAB 设计实验进行测试，并对测试结果进行比较分析。

2．实验原理

为便于说明，我们由最小错误率判决规则和最小风险判决规则引导出最大似然比判决规则，并且由两类问题扩展到多类问题，最小错误率判决规则在两类问题中可以写成如下形式：

$$P(\boldsymbol{X}\mid\omega_1)P(\omega_1)>P(\boldsymbol{X}\mid\omega_2)P(\omega_2)，则 \boldsymbol{X}\in\omega_1$$

上式可以改写为

$$l_{12}(\boldsymbol{X})=\frac{P(\boldsymbol{X}\mid\omega_1)}{P(\boldsymbol{X}\mid\omega_2)}>\frac{P(\omega_2)}{P(\omega_1)}，则 \boldsymbol{X}\in\omega_1$$

统计学中，l_{12} 称为似然比；$\theta_{12}=P(\omega_2)/P(\omega_1)$ 称为似然比阈值，也称为判决门限。

最小风险判决规则在两类问题中可以写成如下形式：

$$(L_{21}-L_{11})P(\boldsymbol{X}\mid\omega_1)P(\omega_1)>(L_{12}-L_{22})P(\boldsymbol{X}\mid\omega_2)P(\omega_2)，则 \boldsymbol{X}\in\omega_1$$

上式可以改写为

$$l_{12}(\boldsymbol{X})=\frac{P(\boldsymbol{X}\mid\omega_1)}{P(\boldsymbol{X}\mid\omega_2)}>\frac{(L_{12}-L_{22})P(\omega_2)}{(L_{21}-L_{11})P(\omega_1)}，则 \boldsymbol{X}\in\omega_1$$

式中，l_{12} 称为似然比，$\theta_{12}=(L_{12}-L_{22})P(\omega_2)/(L_{21}-L_{11})P(\omega_1)$ 称为似然比阈值。

综上，最小错误率判决和最小风险判决在两类问题中的规则可类似归结为最大似然比判决规则：即如果似然比超过某个与 $\boldsymbol{X}$ 无关的阈值，则做决策 $\boldsymbol{X}\in\omega_1$，否则决策 $\boldsymbol{X}\in\omega_2$。具体如下：

①若 $l_{12}>\theta_{12}$，则 $\boldsymbol{X}\in\omega_1$。

②若 $l_{12} < \theta_{12}$，则 $\boldsymbol{X} \in \omega_2$。

③若 $l_{12} = \theta_{12}$，则偶然地判决，$\boldsymbol{X} \in \omega_1$ 或者 $\boldsymbol{X} \in \omega_2$。

同理，对于多类问题同样可以用最大似然比判决规则进行分类。

本实验使用 IRIS 鸢尾花的数据进行测试分类，假设本实验使用的数据中各类数据均服从正态分布，则概率密度函数为

$$p(\boldsymbol{X} \mid \omega_i) = \frac{1}{(2\pi)^{x/2} |C_i|^{1/2}} \exp\left[-\frac{1}{2}(\boldsymbol{X} - \boldsymbol{\mu}_i)^{\mathrm{T}} C_i^{-1}(\boldsymbol{X} - \boldsymbol{\mu}_i)\right]$$

3．实验方法与程序

此实验准备采用 iris 数据进行最大似然比判决规则的设计实现，通过改变似然比阈值对训练数据和测试数据的结果进行比较分析。

仿真 MATLAB 代码：

```
%---------导入 iris 数据---------%
iris_data= load('iris.txt');
iris_w1 = iris_data(1:50,2:5);
iris_w2 = iris_data(51:100,2:5);
iris_w3 = iris_data(101:150,2:5);


%---------抽取训练数据----------%
NUM_train = 30;%各组训练数据个数
%在各组中随机抽取 NUM_train 个训练样本随机打乱各组数据顺序
temp_w1= randperm(50);
temp_w2= randperm(50);
temp_w3= randperm(50);


%取随机打乱顺序后的前 NUM_train 个数据作为训练样本
for i=1:NUM_train
    data_train_w1(i,:) = iris_w1(temp_w1(i),:);
    data_train_w2(i,:) = iris_w2(temp_w2(i),:);
    data_train_w3(i,:) = iris_w3(temp_w3(i),:);
end


%选择非训练样本作为测试样本
for i=(NUM_train+1):50
    data_test_w1(i-NUM_train,:) = iris_w1(temp_w1(i),:);
    data_test_w2(i-NUM_train,:) = iris_w2(temp_w2(i),:);
    data_test_w3(i-NUM_train,:) = iris_w3(temp_w3(i),:);
end
```

```
%---------分类器训练----------%
%计算三类训练数据的均值向量
avr_w1 = mean(data_train_w1(:,:));
avr_w2 = mean(data_train_w2(:,:));
avr_w3 = mean(data_train_w3(:,:));

%计算三类训练数据的协方差矩阵
var_w1 = cov(data_train_w1(:,:));
var_w2 = cov(data_train_w2(:,:));
var_w3 = cov(data_train_w3(:,:));

%---------分类器测试----------%
%选择分类组(w1,w2)(w1,w3)(w2,w3)
%test = 1 代表(w1,w2)分类
%test = 2 代表(w1,w3)分类
%test = 3 代表(w2,w3)分类

%设置先验概率
P_w1 = 1/3; P_w2 = 1/3; P_w3 = 1/3;
L11=0;L22=0;L33=0;%通过改变先验概率和代价函数可以改变似然比阈值
L12=1;L13=1;L21=1;L23=1.3;L31=1.02;L32=1;
test =1; %依次测试各组=1;=2;=3;
if test==1
    avr_A = avr_w1';var_A = var_w1';
    avr_B = avr_w2';var_B = var_w2';

%合并待测数据
    data_test = [data_test_w1;data_test_w2];
    threshold0=P_w2/P_w1; %得到似然比阈值
    threshold1=(L12-L22)*P_w2/(L21-L11)*P_w1; %得到似然比阈值
end
if test==2
    avr_A = avr_w1';var_A = var_w1';
    avr_B = avr_w3';var_B = var_w3';
    %合并待测数据
    data_test = [data_test_w1;data_test_w3];
```

```
        threshold0=P_w3/P_w1; %得到似然比阈值
        threshold1=(L13-L33)*P_w3/(L31-L11)*P_w1; %得到似然比阈值
end
if test==3
        avr_A = avr_w2';var_A = var_w2';
        avr_B = avr_w3';var_B = var_w3';
```

%合并待测数据

```
        data_test = [data_test_w2;data_test_w3];
        threshold0=P_w3/P_w2; %得到似然比阈值
        threshold1=(L23-L33)*P_w3/(L32-L22)*P_w2; %得到似然比阈值
end
P_wA = 1/3;
P_wB = 1/3;
```

%初始化分类错误的向量集

```
err_A0 = []; err_A1 = [];
err_B0 = []; err_B1 = [];
for i=1:(50-NUM_train)*2
```

%导入测试数据

```
    x = data_test(i,:)';
```

%计算测试向量的似然函数

```
    J1=-0.5*(x-avr_A)'*inv(var_A)*(x-avr_A)+log(P_wA)-0.5*log
(det(var_A));
    J2=-0.5*(x-avr_B)'*inv(var_B)*(x-avr_B)+log(P_wB)-0.5*log
(det(var_B));
        l12=exp(J1)/exp(J2); %得到似然比
```

%做出分类

```
    if i<=(50-NUM_train)
      %A 类测试样本误判为 B 类
      if l12<threshold0
            err_A0 = [err_A0,x];
      end
      if l12<threshold1
```

```
        err_A1 = [err_A1,x];
    end
  end
  if i>(50-NUM_train)

    %B 类测试样本误判为 A 类
    if l12>threshold0
        err_B0 = [err_B0,x];
    end
    if l12>threshold1
        err_B1 = [err_B1,x];
    end
  end
end


%分类错误的向量
err_A0;err_A1;err_B0; err_B1;
%计算错误数量
err_num_A0 = size(err_A0,2) %A 类测试样本的误判数
err_num_A1 = size(err_A1,2)
err_num_B0 = size(err_B0,2) %B 类测试样本的误判数
err_num_B1 = size(err_B1,2)
%计算错误率
err_rate_A0 = err_num_A0/(50-NUM_train) %A 类测试样本的误判率
err_rate_A1 = err_num_A1/(50-NUM_train)
err_rate_B0 = err_num_B0/(50-NUM_train) %B 类测试样本的误判率
err_rate_B1 = err_num_B1/(50-NUM_train)
```

4. 实验结果与分析

（1）结果

当似然比阈值采用最小错误率判决的等价形式时，仿真所得到分类误判率如表 1-2 所示。

表 1-2　一次实验中三种分类的错误率

	发生错误组	(ω_1,ω_2)	(ω_1,ω_3)	(ω_2,ω_3)
误判数	err_A	0	0	1
	err_B	0	0	1
误判率	err_A	0	0	0.05
	err_B	0	0	0.05

当似然比阈值采用最小风险判决的等价形式时，仿真所得到分类误判率如表 1-3 所示。

表 1-3　一次实验中三种分类的错误率

项　目	发生错误组	(ω_1, ω_2)	(ω_1, ω_3)	(ω_2, ω_3)
误判数	err_A	0	0	0
	err_B	0	0	2
误判率	err_A	0	0	0
	err_B	0	0	0.1

（2）实验分析

从上述两个仿真实验结果可以看出，采用最大似然比判决规则进行分类的效果还算理想。可以通过不同形式的规则定义似然比阈值，本实验通过最小错误率判决规则的等价形式和最小风险判决规则的等价形式得到不同的似然比阈值，由于每次的训练样本和测试样本不同，所以得到的结果不唯一。训练样本较少时结果误判率较高，随着训练样本数的增加，误判率逐渐降低。

1.2.4　Neyman-Pearsen 判决

1．实验内容

①了解 Neyman-Pearsen 判决规则的原理，即在某些特殊情况下，某一种错误较另一种错误更为重要。针对上述问题，我们采用 Neyman-Pearsen 判决规则，这种准则就是要严格限制较重要的一类错误概率，令其等于某常数而使另一类误判概率最小。

②利用 Neyman-Pearson 判决准则进行 MATLAB 编程，通过设计不同的错误概率，而得到不同的实验结果，并对实验结果进行分析，加深对 Neyman-Pearson 判决准则的理解。

2．实验原理

①求类概率密度函数 $p(X|\omega_1)$ 和 $p(X|\omega_2)$，若输入信号为正态分布数据，则

$$p(X|\omega_i) = \frac{1}{(2\pi)^{n/2}|C_i|^{1/2}} \exp\left[-\frac{1}{2}(X - M_i)^{\mathrm{T}} C_i^{-1} (X - M_i)\right] (i = 1, 2)$$

②求似然比 $\dfrac{p(X|\omega_1)}{p(X|\omega_2)}$。

③求似然比阈值 μ：由 $P_2(e) = \displaystyle\int_{\infty}^{t(\mu)} p(X|\omega_2)\mathrm{d}X$，其中 $P_2(e)$ 固定的第二类误判为第一类的概率（虚警概率），通过查标准正态分布表可以得到 μ 的值。

④求判别式：判决规则为 $\dfrac{p(X|\omega_1)}{p(X|\omega_2)} \gtrless \mu$，则判 $X = \begin{cases} \omega_1 \\ \omega_2 \end{cases}$。

⑤根据判决规则，得到判决面，对数据进行分类。

3．实验方法及程序

一两类问题，模式分布为二维正态，其分布参数为 $M_1 = [-1 \quad 0]^{\mathrm{T}}$，$M_2 = [1 \quad 0]^{\mathrm{T}}$，协方差矩阵为 $C_1 = C_2 = I$，$p_2(e)$ 分别为 0.046 和 0.1003，其 Neyman-Pearson 判则的程序如下：

```
clear all;
P2e=input('请输入虚警概率:');
PI=3.1415926;
NUM=20;
M1=[-1,0]';                    %x1 的分布参数
M2=[1,0]';                     %x2 的分布参数
sigma=[1,0;0,1];
s1=mvnrnd(M1',sigma,NUM)';          %抽取 NUM 个样本
s2=mvnrnd(M2',sigma,NUM)';
s11=s1(1,:);
s12=s1(2,:);
s21=s2(1,:);
s22=s2(2,:);
X=[s1 s2];
X1=X(1,:);
X2=X(2,:);
for i=1:2*NUM
pXw1(:,i)=1/(2*PI)*exp(-(X(:,i)-M1)'*(X(:,i)-M1)/2);
pXw2(:,i)=1/(2*PI)*exp(-(X(:,i)-M2)'*(X(:,i)-M2)/2);
LR(:,i)=pXw1(:,i)/pXw2(:,i);             %似然比
end
namena=1.69;
Mu=exp(-2*(1-1.69));
%分类
j=0;
k=0;
%第一类数据判断正确的个数
for i=1:NUM
    if LR(:,i)>Mu
        j=j+1;
    end
end
%第二类数据判断正确的个数
for i=NUM+1:2*NUM
    if LR(:,i)<Mu
        k=k+1;
    end
end
```

```
P1e2=(20-j)/20;
P2e1=(20-k)/20;
fprintf('试验中第一类被判定为第二类的概率%.2f%%\n',P1e2*100);
fprintf('试验中第二类被判定为第一类的概率%.2f%%\n',P2e1*100);
%绘制决策面
DB=-1/2*log(Mu);
line([DB,DB],[-2,5]);hold on;
%绘制第一类数据
plot(s11,s12,'r O');hold on;
%绘制第二类数据
plot(s21,s22,'b+');
title('Neyman Pearson 决策分类器(P2e=0.046)');
legend('决策面','一类分布','二类分布');
```

4. 实验结果及分析

在图 1-4 和图 1-5 所示的实验当中,第一类数据为 20 个二维正态分布数据,第二类数据为 20 个二维正态分布数据,从实验输出的图中可以看出,Neyman-Pearson 判决的决策面为一条直线,与理论值相同。当 $P_2(e)=0.046$ 时,第一类误判为第二类的数据有 6 个,占第一类数据的 30.00%,第二误判为第一类的数据有 1 个,占第二类数据的 5.00%,即 $P_1(e)=0.30$,$P_2(e)=0.05$,而实验当中,$P_2(e)$ 为固定值 0.046,同时使 $P_1(e)$ 达到最小,通过实验数据和理论数据对比发现,实验中将第二类误判为第一类的概率为 0.05,实验要求的固定值为 0.046,通过对比发现,两者大小近似相等,误差来源于所取得数据过少,随着所取实验数据的增加,两者之间的差值会逐渐减小。

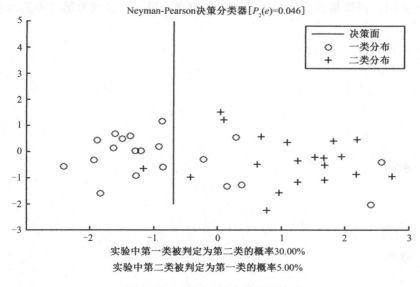

实验中第一类被判定为第二类的概率30.00%

实验中第二类被判定为第一类的概率5.00%

图 1-4 $P_2(e)$=0.046 实验结果输出

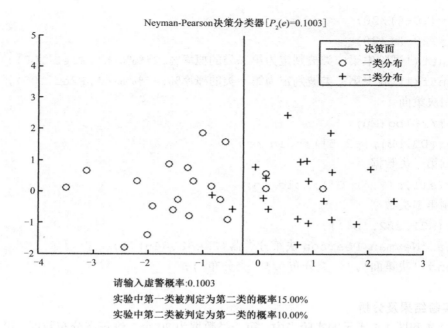

请输入虚警概率:0.1003
实验中第一类被判定为第二类的概率15.00%
实验中第二类被判定为第一类的概率10.00%

图 1-5 $P_2(e)$=0.1003 实验输出结果

当固定值 $P_2(e)=0.1003$ 时,第一类误判为第二类的数据有 3 个,占第一类数据的 15.00%,第二误判为第一类的数据有 2 个, 占第二类数据的 10.00%, 即 $P_1(e)=0.15$, $P_2(e)=0.10$, 而实验当中, $P_2(e)$ 为固定值 0.1003, 同时使 $P_1(e)$ 达到最小,通过实验数据和理论数据对比发现, 实验中将第二类误判为第一类的概率为 0.10, 实验要求的固定值为 0.1003, 通过对比发现, 两者大小近似相等, 误差来源于所取得数据过少, 随着所取实验数据的增加, 两者之间的差值会逐渐减小, 通过对比两组实验可以发现:当增大 $P_2(e)$ 时, $P_1(e)$ 会随之减小, 这与理论分析相同时, 决策域改变, 决策面会随之改变, 第一类误判为第二类的概率也会随之改变。

第2章 参数估计

在贝叶斯决策中，需要确定各类样本的先验概率和类条件概率密度函数，在实际工程应用中，这些往往是不知道或不完全知道的，需要根据各类样本对其进行估计。通常，先验概率的估计较为容易，可通过各类样本在样本集中所占的比例来计算；而类条件概率密度函数则是假定其服从某一分布，再由样本对其某些参数进行估计。本章知识结构如图2-1所示。

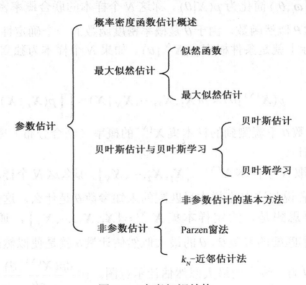

图 2-1　本章知识结构

2.1　知识要点

1. 概率密度函数估计概述

所谓概率密度函数估计是已知某类别 ω_i 的样本 $\boldsymbol{X}_i(i=1,2,\cdots,N)$，采用某种规则估计出样本所属类的概率密度函数 $p(\boldsymbol{X}|\omega_i)$。从估计的方法来讲，可分为参数估计和非参数估计。参数估计是先假定样本的类条件概率密度函数 $p(\boldsymbol{X}|\omega_i)$ 的类型已知，如服从正态分布、二项分布，再用已知类别的学习样本估计函数里面的未知参数 θ，这项工作也叫训练或学习。参数

估计通常采用的是最大似然估计方法和贝叶斯估计方法。非参数估计则是类条件概率密度函数的形式也未知，直接用已知类别的学习样本去估计函数的数学模型，非参数估计通常采用的是 Parzen 窗法和 k_{N-} 近邻估计法。

2．最大似然估计

对 c 类问题，设类别 ω_i 的概率密度函数 $p(X|\omega_i)$ 的形式已知，但表征该函数的参数未知，记为 θ_i。从 ω_i 中独立抽取 N 个样本，如果能从这 N 个样本中推断出 θ_i 的估计值 $\hat{\theta}_i$，则完成了概率密度函数 $p(X|\omega_i)$ 的估计。为了强调 $p(X|\omega_i)$ 与参数 θ_i 的关联性，也可把概率密度函数写成 $p(X|\omega_i,\theta_i)$。例如，如果已知某一类别 ω_i 概率密度函数服从正态分布，则未知参数 θ_i 包含了表征该函数的均值 μ_i 和协方差 Σ_i 的全部信息，对参数 θ_i 的估计，实质上就是对正态函数的均值 μ_i 和协方差 Σ_i 的估计。下面首先给出似然函数的定义，然后从似然函数出发，讨论最大似然估计的原理。

（1）似然函数

从 ω_i 类中抽取 N 个样本 $X^{(N)}=\{X_1,X_2,\cdots,X_N\}$，由于这 N 个样本均来自 ω_i 类，因此可将其概率密度函数 $p(X|\omega_i,\theta_i)$ 简化为 $p(X|\theta)$，称这 N 个样本的联合概率密度函数 $p(X^{(N)},\theta)$ 为相对于样本集 $X^{(N)}$ 的 θ 似然函数。由于 θ 是概率密度函数的一个确定性参数集，因此概率密度函数 $p(X^{(N)},\theta)$ 实际上就是条件概率 $p(X^N|\theta)$。如果 N 个样本为独立抽取，则似然函数可表示为

$$p(X^{(N)}|\theta)=p(X_1,X_2,\cdots,X_N|X)=\prod_{k=1}^{N}p(X_k|X) \tag{2.1}$$

式（2.1）即在参数 θ 下观测到的样本集 $X^{(N)}$ 的概率（联合分布）密度。

（2）最大似然估计

从 ω_i 类中独立抽取 N 个样本 $X^{(N)}=\{X_1,X_2,\cdots,X_N\}$，那么这 N 个样本最有可能来自于哪个概率密度函数，或者说与这 N 个样本最匹配的未知参数 θ 是什么，这是最大似然估计要解决的问题，它的主要思想是，给定样本集 $X^{(N)}=\{X_1,X_2,\cdots,X_N\}$，通过极大化似然函数 $p(X^{(N)}|\theta)$ 去求与样本匹配的参数 θ，θ 的最大似然估计量 $\hat{\theta}$ 就是使似然函数达到最大的估计量，如图 2-2 所示是 θ 为一维时的最大似然估计示意图。由 $\dfrac{\mathrm{d}p(X^{(N)}|\theta)}{\mathrm{d}\theta}=0$，可求得解。

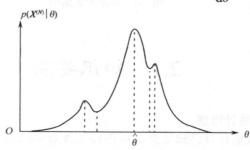

图 2-2　θ 为一维时的最大似然估计示意图

由于对数函数具有单调性，因此为了便于分析，对似然函数取对数可得：

$$H(\theta) = \ln p(X^{(N)} | \theta) \tag{2.2}$$

显然，当估计量 $\hat{\theta}$ 使数函数取最大值时，似然函数达到最大值，θ 的最大似然估计是下面微分方程的解：

$$\frac{\mathrm{d}H(\theta)}{\mathrm{d}\theta} = 0 \tag{2.3}$$

设 ω_i 类的概率密度函数包含 p 个未知参数，则 $\boldsymbol{\theta}$ 为 p 维向量

$$\boldsymbol{\theta} = [\theta_1, \theta_2, \cdots, \theta_p]^{\mathrm{T}} \tag{2.4}$$

此时

$$H(\boldsymbol{\theta}) = \ln p(X^{(N)} | \boldsymbol{\theta}) = \sum_{k=1}^{N} \ln p(X_k | \boldsymbol{\theta}) \tag{2.5}$$

式（2.3）可表示为

$$\frac{\partial}{\partial \theta} \left[\sum_{k=1}^{N} \ln p(X_k | \boldsymbol{\theta}) \right] = 0 \tag{2.6}$$

即

$$\begin{cases} \displaystyle\sum_{k=1}^{N} \frac{\partial}{\partial \theta_1} \ln p(X_k | \boldsymbol{\theta}) = 0 \\ \displaystyle\sum_{k=1}^{N} \frac{\partial}{\partial \theta_2} \ln p(X_k | \boldsymbol{\theta}) = 0 \\ \qquad\qquad \vdots \\ \displaystyle\sum_{k=1}^{N} \frac{\partial}{\partial \theta_p} \ln p(X_k | \boldsymbol{\theta}) = 0 \end{cases} \tag{2.7}$$

求解式（2.7）的微分方程组，可得到 θ 的最大似然估计值 $\hat{\theta}$。

3. 贝叶斯估计与贝叶斯学习

（1）贝叶斯估计

贝叶斯估计可描述为给定样本集 $X^{(N)} = \{X_1, X_2, \cdots, X_N\}$，对样本概率密度函数的真实参数 θ 进行估计，使其估计值 $\hat{\theta}$ 带来的贝叶斯风险最小。回顾上一章的最小风险贝叶斯决策，可以看出贝叶斯决策和贝叶斯估计都是以贝叶斯风险最小为基础，只是要解决的问题不同，前者是要判决样本 $\boldsymbol{X}$ 的类别归属，而后者是估计样本集 $X^{(N)}$ 所属总体分布的参数，二者本质上是统一的。贝叶斯决策和贝叶斯估计各变量的对应关系如表 2-1 所示。

表 2-1　贝叶斯决策和贝叶斯估计各变量的对应关系

贝叶斯决策	贝叶斯估计
样本 $\boldsymbol{X}$	样本集 $\boldsymbol{X}^{(N)}$
决策 a_i	估计量 $\hat{\theta}$
真实类别 ω_i	真实参数 θ
状态空间 A 是离散空间	参数空间 Θ 是连续空间
先验概率 $P(\omega_i)$	参数的先验分布 $p(\theta)$

在第 1 章研究分类问题时，用式（1.9）定义了条件平均风险：

$$R(\alpha_i \mid \boldsymbol{X}) = E[L(\alpha_i \mid \omega_j)] = \sum_{j=1}^{c} L(\alpha_i \mid \omega_j) \cdot P(\omega_j \mid \boldsymbol{X}), \quad i = 1, 2, \cdots, a$$

参考上式，并对照表 2-1 贝叶斯决策和贝叶斯估计各变量的对应关系，可以定义在观测样本集 $\boldsymbol{X}^{(N)} = \{\boldsymbol{X}_1, \boldsymbol{X}_2, \cdots, \boldsymbol{X}_N\}$ 的条件下，用 $\hat{\theta}$ 作为 θ 的估计的期望损失为

$$R(\hat{\theta} \mid \boldsymbol{X}^{(N)}) = \int_{\Theta} L(\hat{\theta}, \theta) p(\theta \mid \boldsymbol{X}^{(N)}) \mathrm{d}\theta \tag{2.8}$$

式中，$L(\hat{\theta}, \theta)$ 为用用 $\hat{\theta}$ 代替 θ 所造成的损失，Θ 为参数空间。考虑到 $\boldsymbol{X}^{(N)}$ 的各种取值，应该求 $R(\hat{\theta} \mid \boldsymbol{X}^{(N)})$ 在空间 $\Omega^N = \Omega \times \Omega \times \cdots \times \Omega$ 中的期望，即

$$R = \int_{\Omega^N} R(\hat{\theta} \mid \boldsymbol{X}^{(N)}) p(\boldsymbol{X}^{(N)}) \mathrm{d}\boldsymbol{X}^{(N)} \tag{2.9}$$

将式（2.8）代入式（2.9），得

$$R = \int_{\Omega^N} \int_{\Theta} L(\hat{\theta}, \theta) p(\theta \mid \boldsymbol{X}^{(N)}) p(\boldsymbol{X}^{(N)}) \mathrm{d}\theta \mathrm{d}\boldsymbol{X}^{(N)} \tag{2.10}$$

使 R 最小，求得参数 θ 的估计值 $\hat{\theta}$ 即贝叶斯估计。显然，损失函数 $L(\hat{\theta}, \theta)$ 对 $\hat{\theta}$ 的求解有重要影响，当选用不同形式的损失函数时，所得到的贝叶斯估计值 $\hat{\theta}$ 也不同。当损失函数为二次函数时，有

$$L(\hat{\theta}, \theta) = \left(\theta - \hat{\theta}\right)^{\mathrm{T}} \left(\theta - \hat{\theta}\right) \tag{2.11}$$

可证明 $\hat{\theta}$ 的求解公式为

$$\hat{\theta} = \int_{\Theta} \theta \, p(\theta \mid \boldsymbol{X}^{(N)}) \mathrm{d}\theta \tag{2.12}$$

式（2.12）表明，θ 的最小方差贝叶斯估计是观测样本集 $\boldsymbol{X}^{(N)}$ 条件下的 θ 的条件期望。

综上所述，观测到一组样本 $\boldsymbol{X}^{(N)}$，通过似然函数 $p(\boldsymbol{X}^{(N)} \mid \theta)$ 并利用贝叶斯公式将随机变量 θ 的先验概率密度 $p(\theta)$ 转变为后验概率密度，然后根据 θ 的后验概率密度求出估计量 $\hat{\theta}$。具体步骤如下：

①确定 θ 的先验概率密度 $p(\theta)$。

②由样本集 $\boldsymbol{X}^{(N)} = \{\boldsymbol{X}_1, \boldsymbol{X}_2, \cdots, \boldsymbol{X}_N\}$ 求出 $p(\boldsymbol{X}^{(N)} \mid \theta)$。

③利用贝叶斯公式求出 θ 的后验概率密度

$$p(\theta \mid \boldsymbol{X}^{(N)}) = \frac{p(\boldsymbol{X}^{(N)} \mid \theta) p(\theta)}{\int_{\Theta} p(\boldsymbol{X}^{(N)} \mid \theta) p(\theta) \mathrm{d}\theta} \tag{2.13}$$

④根据式（2.11）求贝叶斯估计量 $\hat{\theta}$。

步骤②涉及 $p(\boldsymbol{X}^{(N)} \mid \theta)$ 的求解，当样本的类概率密度函数的类型已知时，由于样本 $\boldsymbol{X}_1, \boldsymbol{X}_2, \cdots, \boldsymbol{X}_N$ 为独立抽取，因此有

$$p(\boldsymbol{X}^{(N)} \mid \theta) = p(\boldsymbol{X}_1, \boldsymbol{X}_2, \cdots, \boldsymbol{X}_N \mid \theta) = \prod_{i=1}^{N} p(X_i \mid \theta) \tag{2.14}$$

（2）贝叶斯学习

贝叶斯学习的思想是利用 θ 的先验概率密度 $p(\theta)$ 及样本提供的信息求出 θ 的后验概率密度 $p(\theta \mid \boldsymbol{X}^{(N)})$，根据后验概率密度直接求出类概率密度函数 $p(\boldsymbol{X} \mid \boldsymbol{X}^{(N)})$。因此，贝叶斯学

习和贝叶斯估计的前提条件完全相同，区别在于当求出后验概率密度 $p(\theta | X^{(N)})$ 后，贝叶斯学习没有对参数 θ 进行估计，而是直接进行总体概率密度的推断得到 $p(X | X^{(N)})$ 。所以，贝叶斯学习的前三步与贝叶斯估计完全一致，最后 $p(X | X^{(N)})$ 可由迭代计算完成。

迭代计算式的推导如下。

$p(X | \omega_i)$ 由未知参数 θ 确定，可写为 $p(X | \omega_i) = p(X | \theta)$ ，假定 $X^N = \{X_1, X_2, \cdots, X_N\}$ 是独立抽取的 ω_i 类的一组样本，设 θ 的后验概率密度函数为 $p(\theta | X^{(N)})$ ，式（2.11）的贝叶斯公式重写为

$$p(\theta | X^{(N)}) = \frac{p(X^{(N)} | \theta) p(\theta)}{\int_{\theta} p(X^{(N)} | \theta) p(\theta) \mathrm{d}\theta}$$

由条件独立可知

$$p(X^{(N)} | \theta) = p(X_N | \theta) p(X^{(N-1)} | \theta) \tag{2.15}$$

式中，$p(X^{(N-1)} | \theta)$ 表示除样本 X_N 以外其余样本的集合。将式（2.15）代入式（2.11）得

$$p(\theta | X^{(N)}) = \frac{p(X_N | \theta) p(X^{(N-1)} | \theta) p(\theta)}{\int_{\theta} p(X_N | \theta) p(X^{(N-1)} | \theta) p(\theta) \mathrm{d}\theta} \tag{2.16}$$

类似地，也可推导出

$$p(\theta | X^{(N-1)}) = \frac{p(X^{(N-1)} | \theta) p(\theta)}{\int_{\theta} p(X^{(N-1)} | \theta) p(\theta) \mathrm{d}\theta} \tag{2.17}$$

将式（2.17）代入式（2.16）得

$$p(\theta | X^{(N)}) = \frac{p(X_N | \theta) p(\theta | X^{(N-1)})}{\int_{\theta} p(X_N | \theta) p(\theta | X^{(N-1)}) \mathrm{d}\theta} \tag{2.18}$$

式（2.18）就是利用 $X^{(N)}$ 估计 $p(\theta | X^{(N)})$ 的迭代计算方法。对于参数估计的递推贝叶斯方法，其迭代过程即贝叶斯学习的过程。

①根据先验知识得到 θ 的先验概率密度函数的初始估计 $p(\theta)$ ，它相当于 $N = 0$ 时密度函数的一个估计。

②用 X_1 对初始的 $p(\theta)$ 进行修改：

$$p(\theta | X^{(1)}) = p(\theta | X_1) = \frac{p(X_1 | \theta) p(\theta)}{\int_{\theta} p(X_1 | \theta) p(\theta) \mathrm{d}\theta} \tag{2.19}$$

③给出 X_2 ，对用 X_1 估计的结果进行修改：

$$p(\theta | X^{(2)}) = p(\theta | X_1, X_2) = \frac{p(X_2 | \theta) p(\theta | X^{(1)})}{\int_{\theta} p(X_2 | \theta) p(\theta | X^{(1)}) \mathrm{d}\theta} \tag{2.20}$$

④逐次给出 $X_1, X_2, \cdots, X_N$ ，得

$$p(\theta | X^{(N)}) = \frac{p(X_N | \theta) p(\theta | X^{(N-1)})}{\int_{\theta} p(X_N | \theta) p(\theta | X^{(N-1)}) \mathrm{d}\theta}$$

⑤ $p(X | \omega_i)$ 直接由 $p(\theta | X^N)$ 计算得到，写为 $p(X | X^N)$ ：

$$p(X | X^N) = \int p(X, \theta | X^N) \mathrm{d}\theta = \int p(X | \theta) p(\theta | X^N) \mathrm{d}\theta \tag{2.21}$$

4. 非参数估计

以上讨论了最大似然估计、贝叶斯估计和贝叶斯学习三种参数估计方法, 其共同的特点是样本概率密度函数的分布形式已知, 而表征函数的参数未知, 所需要做的工作是从样本估计出参数的最优取值。但在实际应用中, 上述条件往往并不能得到满足, 人们并不知道概率密度函数的分布形式, 或者函数分布并不典型, 或者不能写成某些参数的函数。为了设计贝叶斯分类器, 仍然需要获取概率密度函数的分布知识, 所以非常有必要研究如何从样本出发, 直接推断其概率密度函数。于是人们提出一些直接用样本来估计总体分布的方法, 称为估计分布的非参数法。

非参数估计方法的任务是从样本集 $X^{(N)} = \{X_1, X_2, \cdots, X_N\}$ 中估计样本空间 Ω 中任何一点的概率密度 $p(X)$。如果样本集来自某个确定类别 (如 ω_i 类), 则估计的结果为该类的类条件概率密度 $p(X | \omega_i)$。如果样本集来自多个类别, 且不能分清哪个样本来自哪个类别, 则估计结果为混合概率密度。

2.2 实验指导

 ## 2.2.1 最大似然估计

1. 实验内容

①了解分类和逻辑回归的技术原理, 给出满足分类问题的假设函数的形式, 通过最大似然估计推导新的代价函数。

②针对具体的二分类实例, 采用 MATLAB 编程, 得到分类结果。实验采用两种不同的程序, 通过分析对比两种方法的优缺点, 加深对逻辑回归的分类问题的理解。

2. 实验原理

①分类问题中, 由于 y 是离散值且 $y \in \{0,1\}$, 假设函数满足 $0 \leqslant h_\theta(x) \leqslant 1$, 因此选择

$$h_\theta(x) = g(\theta^T x) = \frac{1}{1 + e^{-\theta^T x}}$$

②对 $h_\theta(x)$ 输出作进一步解释, $h_\theta(x)$ 是根据输入 x 得到的 $y=1$ (或 $y=0$) 的可能性。因此假设

$$P(y=1 | x; \theta) = h_\theta(x); \ \ P(y=0 | x; \theta) = 1 - h_\theta(x)$$

③假设 m 组训练试验是相互独立的, 得到似然函数

$$L(\theta) = p(y | X; \theta) = \prod_{i=1}^{m} p(y^{(i)} | x^{(i)}; \theta) = \prod_{i=1}^{m} (h_\theta(x^{(i)}))^{y^{(i)}} (1 - h_\theta(x^{(i)}))^{1-y^{(i)}}$$

④最大似然估计

$$l(\theta) = \lg L(\theta) = \sum_{i=1}^{m} y^{(i)} \lg h(x^{(i)}) + (1 - y^{(i)}) \lg(1 - h(x^{(i)}))$$

⑤由 (4) 得代价函数

$$J(\theta) = -\frac{1}{m}\sum_{i=1}^{m}[y^{(i)}\lg(h_\theta(x^{(i)})) + (1 - y^{(i)})\lg(1 - h_\theta(x^{(i)}))]$$

⑥通过批梯度下降，同时更新所有的 θ_j

$$\theta_j := \theta_j - \alpha\frac{\partial J(\theta)}{\theta_j} = \theta_j - \alpha\frac{1}{m}\sum_{i=1}^{m}(h_\theta(x^{(i)}) - y^{(i)})x_j^i$$

式中，α 是学习速率。

3. 实验方法及程序

给定一个二分类问题，特征值为学生的两门课考试成绩，y 值 0、1 决定学生是否被学校录取。因此，训练样本为 100×3 矩阵，其中 100 为训练样本数，前两列是两门课的成绩，第三列表示是否录取，部分训练样本如图 2-3 所示。

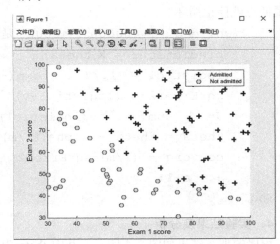

34. 62365962451697, 78. 0246928153624, 0
30. 28671076822607, 43. 89499752400101, 0
35. 84740876993872, 72. 90219802708364, 0
60. 18259938620976, 86. 30855209546826, 1
79. 0327360507101, 75. 3443764369103, 1
45. 08327747668339, 56. 3163717815305, 0
61. 10666453684766, 96. 51142588489624, 1
75. 02474556738889, 46. 55401354116538, 1
76. 09878670226257, 87. 42056971926803, 1
84. 43281996120035, 43. 53339331072109, 1
95. 86155507093572, 38. 22527805795094, 0
75. 01365838958247, 30. 60326323428011, 0
82. 30705337399482, 76. 48196330235604, 1
69. 36458875970939, 97. 71869196188608, 1
39. 53833914367223, 76. 03681085115882, 0
53. 9710521485623, 89. 20735013750205, 1

图 2-3　部分训练样本

程序代码如下：

```
function [theta ,J,a] = logisticRegression(X, y)
    %利用梯度下降的算法求解出最小的 J(theta)
    alpha = 0.004;      %设置学习速率

    [m, n] = size(X);  %训练样本的数量
    X = [ones(m, 1) X];%特征矩阵

    initial_theta = zeros(n + 1,1);  %初始化 theta
    prediction = X*initial_theta;
    logistic =  1./(1 + exp(-prediction));%逻辑函数

    sqrError = (logistic-y)'* X;
    theta = initial_theta - alpha*(1/m)*sqrError';
```

```
couverg = (1/m)*sqrError'; %J(theta)求导，用于判断是否到达最低点

% 求 J(theta)
J= -1*sum( y .*log(logistic) + (1 - y ).*log( (1 - logistic)))/m;

a=1;
Boolean = zeros(size(X,2),1);

%在最低点处退出循环，即导数等于 0
while all(couverg(:)~=Boolean(:))%用于判断时候到达最低点，如果到
达最低点就停止循环
%while a ~= 400000    400000 是测试循环次数，作用是取适当的 alpha 值
    prediction2 = X*theta;
    logistic1 =  1./( 1 + exp(-prediction2) );
    sqrError2 = (logistic1-y)'*X;
    J= -1 * sum( y .* og(logistic1) + (1 - y ).*log(1- logistic1))/m;
    theta = theta - alpha*(1/m)*sqrError2';
    couverg = (1/m)*sqrError2';
    a = a+1;
End
```

4．实验结果及分析

程序的训练结果如图 2-4 所示，其中 theta 为参数，J 为代价函数的值，a 是代价函数最小时候的迭代次数。图 2-5 给出了决策边界，测试结果如果 2-6 所示。

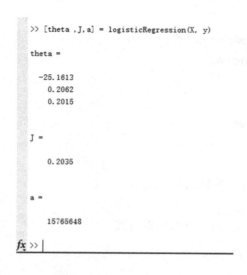

图 2-4　程序一训练结果

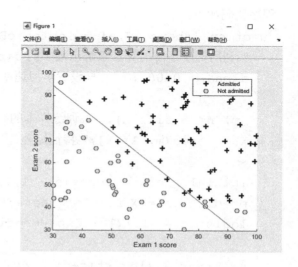

图 2-5　决策边界

```
>> prob = sigmoid([1 45 85] * theta);
fprintf(['For a student with scores 45 and 85, we predict an admission ' ...
         'probability of %f\n\n'], prob);
For a student with scores 45 and 85, we predict an admission probability of 0.776291

>> |
```

图 2-6　程序一测试结果

从上述实验当中，我们可以得出结果，当一个学生的第一门课成绩为 45 分，第二门课成绩为 85 分时，由假设函数 $h_\theta(x) = P(y=1|x;\theta)$ 的定义，程序一中他被录取的比例是 77.6%，程序二中被录取的比例是 77.4323%。

在逻辑分类的代价函数的推倒过程中使用了最大似然估计，但最大似然估计求的是最大值，而代价函数求的是最小值，因此相差一个负号，这里的代价函数其实是一个交叉熵。

在程序中，采用向量化运算，同时更新所有的 θ_j，则可以使代价函数（凸函数）达到最小的位置，由于需要自己设置学习速率 alpha，因此需要经过多次测试，选择合适的 alpha，如果学习速率设置不恰当，可能代价函数就不会收敛，这里测试的结果是选择 alpha 为 0.004，因此首先通过设定循环次数 a 取得恰当的学习速率，再把此学习速率用于使代价函数收敛的循环中，可以看到循环次数还是达到 15 765 648 次。

在程序具体的实现过程中，查阅文献可以看到，如果不采用梯度下降的方法，还有 BFGS（变尺度法）、L-BFGS（限制变尺度法）等，这些算法的优点就是可以自动选择好的学习速率，通常也比梯度下降要快很多，但缺点就是算法更加复杂。

 2.2.2　贝叶斯估计

1．实验内容

学习贝叶斯估计的基本原理，了解在平均误差损失函数情况下求解贝叶斯估计量的步骤。由于现实生活中很多参数如测量误差、产品质量指标等几乎都服从或近似服从正态分布，说明正态分布在实际的生活中广泛存在，具有分析价值，因此可以对单变量正态分布中的贝叶斯估计进行分析并编写相应的 MATLAB 程序，分析样本大小对贝叶斯估计误差的影响，进而验证贝叶斯估计的有效性。

2．实验原理

①了解贝叶斯估计的原理：以单变量正态分布为例，设 $X^N = \{X_1, X_2, \cdots, X_N\}$ 是取自正态分布 $N(\mu, \sigma^2)$ 的样本集。假设其中的总体方差 σ^2 已知；μ 是未知的随机参数，为待估计量，且已有先验分布 $N(\mu_0, \sigma_0^2)$，要求使用贝叶斯估计方法求出其估计量 $\hat{\mu}$，使得最终的贝叶斯风险最小。

②利用 MATLAB 中的函数生成一定数量的总体分布密度服从正态分布的样本数据。

③由单变量正态分布得到的贝叶斯估计值计算公式为

$$\hat{\mu} = \frac{N\sigma_0^2}{N\sigma_0^2 + \sigma^2} m_N + \frac{\sigma^2}{N\sigma_0^2 + \sigma^2} \mu_0$$

根据此公式编写 MATLAB 程序，得出贝叶斯估计值。

④以上述生成的样本为基础，继续添加服从同样的正态分布的样本数据，编写 MATLAB 程序探索贝叶斯估计值和样本大小的关系。

3. 实验方法及程序

①以单变量正态分布为例，首先利用 MATLAB 中的 normrnd 函数生成总体分布密度服从正态分布 $N(3.4, 2.1^2)$ 的 100 个样本数据（见表 2-2）。

表 2-2　100 个样本数据

3.37511725125421	1.59494085707888	1.88533362590071	4.07917128484606
6.49268422044071	4.25174329350739	−1.30759924802842	4.04984957692985
3.09300135260363	5.38271513230828	1.71305649079125	4.33616786804566
−1.08006871317920	2.66625388240329	2.54740350558172	3.71473704342581
5.36537042742366	6.22238872092364	8.09404031705526	−2.18133954325616
6.21572337771880	3.09650882442771	1.33925909621706	4.65238295953057
0.952771110831465	2.84401867368572	0.932148229552128	1.10115503940123
1.17830938723955	2.90965603796295	3.24968183573430	−1.14550278660492
6.56673988511921	2.93135680171528	2.94811751656050	0.974615273238141
1.63192709865076	5.99729600576875	3.95821752802321	2.55693301802663
3.57056952952808	2.95054809383670	3.18092525939439	−0.227868399909468
5.79024297806523	2.29203263991552	0.207032905712088	6.50263203952023
−2.01591394650360	5.83029133950935	1.94180740696169	2.97946553524464
7.62203005303418	5.01723167180606	3.36415526904678	3.65830164461615
1.90727655734295	5.19764946366664	6.12305956892554	1.70774058985122
1.89452538153499	6.85733420935609	3.84943198994576	3.76600461649256
−0.255196841556833	2.88838099497390	1.53462107554735	0.125066015886333
3.75033717275393	5.47630959436845	4.08470088786886	2.41320290281116
2.15881421616214	7.62823719686832	0.0722464059948700	1.60774234407384
1.13389840333793	3.03873562016246	3.70324311418119	5.14811422217828
3.01024545087543	4.10531366955775	1.13016693339091	0.821903150914872
1.53956562358016	3.13311802160072	1.22721492805178	1.92672008447954
2.06218283900196	1.41038207547062	6.07314773229459	7.16679556322882
2.56114278366155	4.11460858788102	2.69910354998279	4.16483598008036
2.17538644613137	−0.128814868195188	3.50247981509875	2.35862600785078

假定 $p(\mu) \sim N(3.6, 0.4^2)$，利用贝叶斯估计对其进行估计的 MATLAB 程序如下：

```
clear all
clc
u=3.4;        %总体分布密度的均值
```

```
sigma=2.1;   %总体分布密度的标准差
u0=3.6;      %未知参数分布的均值
sigma0=0.4;  %未知参数分布的标准差
num=100;     %样本个数
XN=normrnd(u,sigma,1,num);   %样本数据
mN=sum(XN)/num;   %样本均值
u1=num*sigma0^2*mN/(num*sigma0^2+sigma^2)+sigma^2*u0/(num*sigma0
^2+sigma^2)  %贝叶斯估计值
```

②以上述 100 个样本为基础，继续添加服从正态分布 $N\left(3.4, 2.1^2\right)$ 的样本数据，探索贝叶斯估计值和样本大小的关系，MATLAB 程序如下：

```
for num=1:2000-100
  u=3.4;          %总体分布密度的均值
  sigma=2.1;      %总体分布密度的标准差
  R=normrnd(u,sigma,1,1);  %产生一个和前面样本分布一样的样本数据
  sigma0=0.4;     %未知参数分布的标准差
  u0=3.6;         %未知参数分布的均值
  XN=[XN,R];      %XN 的前 100 个值为上个程序已经生成的样本数据
  mN=sum(XN)/(num+100);  %样本均值
  u1(num)=(num+100)*sigma0^2*mN/((num+100)*sigma0^2+sigma^2)+
sigma^2*u0/((num+100)*sigma0^2+sigma^2);  %贝叶斯估计值
  end
plot(u1)
```

4．实验结果与分析

①运行实验 1 的 MATLAB 程序，实验结果如图 2-7 所示。

```
u1 =

   3.1509

fx >> |
```

图 2-7 实验 1 运行结果

从实验结果可以看出，贝叶斯估计值为 3.1509，与真实值的相对误差为 $|3.1509-3.4|/3.4 = 7.33\%$，误差数值较大，这是由于样本数量较少，导致先验信息不够，最终使估计值与真实值存在较大误差。

②运行实验 2 的 MATLAB 程序，实验结果如图 2-8 所示。

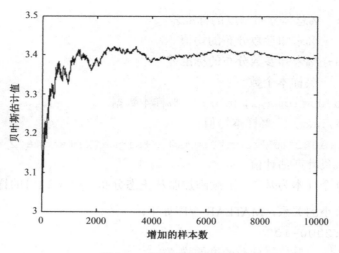

图 2-8　实验 2 运行结果

从实验结果可以看出，贝叶斯估计值在样本数较少时距离真实值较远，误差较大；随着样本数的增加首先呈现上升趋势；然后在真实值附近有较大波动；最终波动变缓，渐渐趋近于真实值。说明贝叶斯估计值的误差大小与样本数有关系，当样本数足够大时，贝叶斯估计值和被估计的真实值之间的误差将控制在合理范围内。

2.2.3　Parzen 窗

1. 实验内容
①理解利用 Parzen 窗法进行概率密度函数的估计。
②采用 MATLAB 编程，利用正态窗实现概率密度估计，并观察参数对估计结果的影响。

2. 实验原理
本实验准备采用正态窗进行 Parzen 窗法的设计实现。实验步骤如下：

①利用公式 $\hat{p}_N(x) = \dfrac{1}{N}\sum\limits_{i=1}^{N}\dfrac{1}{h_N}\dfrac{1}{\sqrt{2\pi}}\exp\left[-\dfrac{1}{2}\left(\dfrac{x-x_i}{h_N}\right)^2\right]$ 求 $\hat{p}(x)$ 的算法原理编写正态窗

Parzen 窗仿真函数。

②在仿真主文件中生成均值为 0，方差为 1，长度为 N 的一维正态随机信号，作为一组正态分布仿真样本数据。

③绘制在不同调节参数 h_1 和不同样本数 N 下所获得的估计概率密度函数曲线，并进行比较。

④根据仿真结果分析 Parzen 窗进行概率密度函数的非参数估计的特点。

3. 实验方法与代码
采用正态窗进行 Parzen 窗法的设计实现 MATLAB 代码如下：

（1）正态窗 Parzen 窗仿真函数 normal_window_parzen.m

```
function parzen=normal_window_parzen(N,h1,x)
%正态窗 Parzen 窗
```

```
 hN = h1/sqrt(N);
 num_x = numel(x);
 parzen = zeros(1, num_x);
for u = 1:num_x
   for i=1:N
      parzen(u) = parzen(u)+exp(((x(u)-x(i))/hN).^2/-2);
   end
  parzen(u)=parzen(u)/sqrt(2*pi)/h1/sqrt(N);
end
```

（2）正态窗 Parzen 窗仿真主程序

```
x = randn(1,10000);%正态分布伪随机数
px=normpdf(x,0,1);%正态概率密度函数
h1 = [0.25, 1.5, 4];%调节参数
N = [1, 16, 256, 1024, 4096];%样本数
num_h1 = numel(h1);
num_N = numel(N);
figure;
  %遍历 h1
  for i_h1 = 1:length(h1)
      h1_offset = (i_h1-1)*(num_N+1)+1;   %绘图位置的偏移量
      subplot(num_h1, num_N+1, h1_offset);
      plot(x, px, '.');
      ylabel(sprintf('%s%4.2f', 'h1=', h1(i_h1)));
      title('正态分布样本的概率密度函数')
  %遍历 N
 for i_N = 1 : length(N)
  pNx=normal_window_parzen(N(i_N), h1(i_h1), x);
  subplot(num_h1, num_N+1, h1_offset+i_N);
  plot(x, pNx, '.');
  title(sprintf('%s%d', 'N=', N(i_N)));
end
  end
```

4. 实验结果与分析

选取的 h_1=0.25、1.5、4，N=1、16、256、1024、4096，得到的估计结果如图 2-9 所示。从上述仿真实验结果可以看出，估计的概率密度函数与 N 和 h_1 的取值大小有密切的关系。当 N=1 时，是一个以样本为中心的小丘。当 N=16 和 h_1=0.25 时，仍可以看到单个样本所起的

作用；但当 h_1 =1.5 及 h_1 =4 时就变得平滑，单个样本的作用模糊了。随着 N 的增加，估计量越来越好。这说明，要想得到较精确的估计，就需要大量的样本。但从实验结果来看，当 N 取得很大， h_1 相对较小时，在某些区间内 h_N 趋于零，导致估计的结果噪声大。

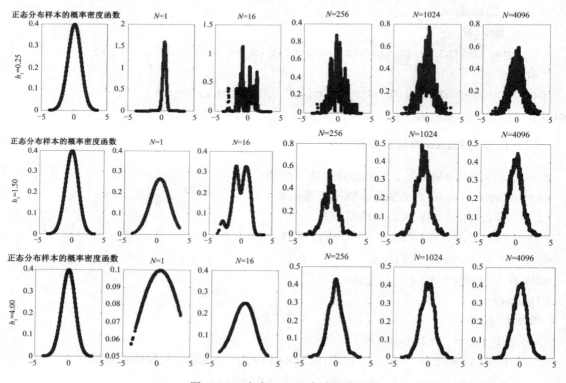

图 2-9　正态窗 Parzen 窗法仿真结果

2.2.4　k_N-近邻估计法

1．实验内容
①理解并分析 k_N-近邻估计方法的原理。

②用 MATLAB 对算法进行实现。

2．实验原理
k_N-近邻估计方法的基本思想是预先确定 N 的一个函数 k_N，在 x 点近邻选择一个体积，并使其不断增大直到捕获 k_N 个样本为止，这 k_N 个样本就是 x 点的近邻。很显然如果 x 点附近的概率密度较大，则包含 k_N 体积较小；反之，如果 x 点附近的概率密度较小，则包含 k_N 体积较大。k_N-近邻估计方法使用基本估计公式为

$$\hat{p}_N(x) = \frac{k_N / N}{V_N}$$

可以证明，$\hat{p}_N(x)$ 收敛于概率密度 $p(x)$。k_N-近邻估计具有以下特点：k_N 大小的选择会影响估计的结果。k_N 可以选择为样本容量 N 的某种函数，如 $k_N = k_1 \sqrt{N}, k_N \geqslant 1$ 时，当样本容量 $N \to \infty$ 时，可以保证 $\hat{p}_N(x)$ 收敛于真实分布的 $p(x)$。但在有限样本容量条件下，k_1 的选

择也会影响估计结果的正确性。

3．实验方法及程序

在本实验中，实验数据来自用 MATLAB 软件中随机数生成函数 normrnd，可以生成均值为 0，方差为 1，长度为 N（N=1,16,256,10000）的一维正态随机信号。

实验程序如下：

```
function Px=kljz(N,x)
  kN=sqrt(N);
  Px=zeros(1,12500);
  y=zeros(1,N);
  for u=1:12500
    for i=1:N
       y(i)=abs(x(u)-x(i));
    end
       y=sort(y);
       Px(u)=kN/N/(2*y(kN));
  end


clc;
clear;
x = randn(1,12500);

pNx= kljz(1,x);
subplot(221);
plot(x,pNx,'.');
title('kN=1,N=1');

pNx= kljz(16,x);
subplot(222);
plot(x,pNx,'m.');
title('kN=4,N=16');

pNx= kljz(256,x);
subplot(223);
plot(x,pNx,'r.');
title('kN=16,N=256');

pNx= kljz(10000,x);
subplot(224);
```

```
plot(x,pNx,'c.');
title('kN=100,N=10000');
```

4. 实验结果与分析

从图 2-10 中可以看出随着取样的增大得到的结果越来越趋于正态分布，即需要抽取大量样本才可以得出正确的估计。

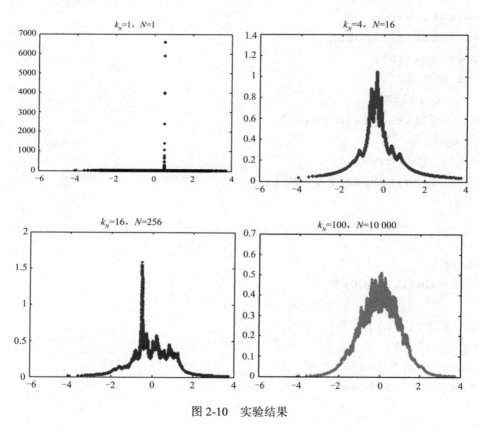

图 2-10　实验结果

第*3*章　非参数判别分类法

线性分类器是一类最为简单的判别函数，具有算法简单、实现容易、计算速度快的特点，而且在某些条件下还可以达到或逼近最优分类器，因而得到广泛的应用。在某些复杂应用场景下，为了提高分类的性能，需要设计非线性分类器，很多非线性分类器都是在线性分类器的基础上发展起来的，如分段线性分类器就是由多个线性分类器组合而成的，从局部上来看是线性的，从整体来看是非线性的。本章知识结构如图 3-1 所示。

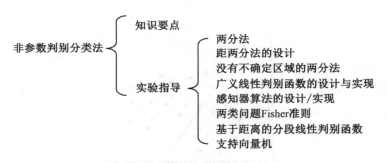

图 3-1　本章知识结构

3.1　知识要点

1. 线性分类器

设模式向量 $\boldsymbol{X}$ 是 d 维的，则两类问题线性判别函数的一般形式可表示成

$$d(\boldsymbol{X}) = w_1 x_1 + w_2 x_2 + \cdots + w_d x_d + w_{d+1} = \boldsymbol{W}_0^{\mathrm{T}} \boldsymbol{X} + w_{d+1} \tag{3.1}$$

式中，$\boldsymbol{W}_0 = [w_1, w_2, \cdots, w_d]^{\mathrm{T}}$，称为权向量或参数向量；$\boldsymbol{X} = [x_1, x_2, \cdots, x_d]^{\mathrm{T}}$ 是 d 维特征向量，又称模式向量或样本向量；w_{d+1} 是常数，称为阈值权。为简洁起见，式（3.1）也可写成

$$d(\boldsymbol{X}) = w_1 x_1 + w_2 x_2 + \cdots + w_d x_d + w_{d+1} \cdot 1$$

$$= \begin{bmatrix} w_1 w_2 \cdots w_d w_{d+1} \end{bmatrix} \begin{bmatrix} x_1 \\ x_2 \\ \vdots \\ x_d \\ 1 \end{bmatrix} = \boldsymbol{W}^{\mathrm{T}} \boldsymbol{X} \tag{3.2}$$

式中，$\boldsymbol{W} = [w_1, w_2, \cdots, w_d, w_{d+1}]^{\mathrm{T}}$ 为增广权向量；$\boldsymbol{X} = [x_1, x_2, \cdots, x_d, 1]^{\mathrm{T}}$ 为增广特征向量，增广特征向量的全体称为增广特征空间。在给出线性判别函数后，如果满足

$$\begin{cases} d(\boldsymbol{X}) > 0, & \boldsymbol{X} \in \omega_1 \\ d(\boldsymbol{X}) < 0, & \boldsymbol{X} \in \omega_2 \\ d(\boldsymbol{X}) = 0, & 不确定 \end{cases} \tag{3.3}$$

$d(\boldsymbol{X}) = 0$ 就是相应的决策面方程，在线性判别函数条件下，它对应 d 维空间的一个超平面。对于二分类问题，如果样本模式为二维特征向量，则所有分布在二维平面的模式样本可以用一条直线划分开来，这条直线就可以作为一个识别分类的依据，其判别函数可以表示为

$$d(\boldsymbol{X}) = w_1 x_1 + w_2 x_2 + w_3 = 0 \tag{3.4}$$

式中，x_1，x_2 为坐标变量；w_1，w_2，w_3 为方程参数，决策规则依然为式（3.3），两类二维模式的分布如图 3-2 所示。

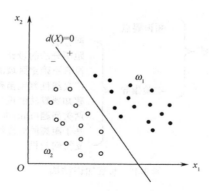

图 3-2　两类二维模式的分布

2. $\omega_i / \overline{\omega_i}$ 两分法

$\omega_i / \overline{\omega_i}$ 两分法的基本思想是通过唯一一个线性判别函数，将属于 ω_i 类的模式与其余不属于 ω_i 类的模式分开。对于 c 类问题，如果样本模式是完全线性可分的，则需要 $c-1$ 个独立的判别函数。为了方便，可建立 c 个判别函数，形如

$$d_i(\boldsymbol{X}) = \boldsymbol{W}_i^{\mathrm{T}} \boldsymbol{X} \, , \quad i = 1, 2, \cdots, \ c \tag{3.5}$$

其中，每一个判别函数具有以下功能

$$\begin{cases} d_i(\boldsymbol{X}) > 0, \boldsymbol{X} \in \omega_i \\ d_i(\boldsymbol{X}) < 0, \boldsymbol{X} \notin \omega_i \end{cases} , \quad i = 1, 2, \cdots, \ c \tag{3.6}$$

通过这类判别函数，把 c 类问题转为 c 个属于 ω_i 和不属于 ω_i 的问题。若把不属于 ω_i 的记为 $\overline{\omega_i}$，上述问题就成了 c 个 ω_i 和 $\overline{\omega_i}$ 的两类问题，因此称 $\omega_i / \overline{\omega_i}$ 为两分法。

在二维空间里，图 3-3 给出了 3 个类型的决策面 $d_i(X) = 0$ （$i = 1, 2, 3$），图中出现了 4 个不确定区。由于不确定区的存在，$d_i(X) > 0$ 不能做出最终判别 $X \in \omega_i$，还必须检查另外的判别函数 $d_j(X)$ 的值。若 $d_j(X) \leqslant 0$，$j \neq i$ 才能确定 $x \in \omega_i$。所以此时判别规则为

$$如果 \begin{cases} d_i(X) > 0 \\ d_j(X) \leqslant 0, \quad j \neq i \end{cases}, \quad 则 X \in \omega_i \tag{3.7}$$

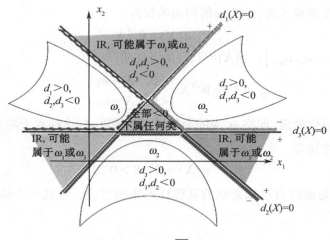

图 3-3　$\omega_i / \overline{\omega_i}$ 两分法

3．ω_i / ω_j 两分法

ω_i / ω_j 两分法的基本思想是对 c 个类别中的任意两个类别 ω_i 和 ω_j 建立一个判别函数 $d_{ij}(X)$，决策面方程 $d_{ij}(X) = 0$，能把 ω_i 和 ω_j 两个类别区分开，但对其他类别的分类则不提供任何信息。因为 c 个类别中，任取两个类别的组合数为 $c(c-1)/2$ $[d_{ij}(X) = -d_{ji}(X)]$，即

$$d_{ij}(X) = W_{ij}^{\mathrm{T}} X, \quad i, j = 1, 2, \cdots, c \tag{3.8}$$

此时，判别函数具有性质

$$d_{ij}(X) = -d_{ji}(X) \tag{3.9}$$

每个判别函数具有以下功能：

$$d_{ij}(X) \begin{cases} > 0, & X \in \omega_i \\ < 0, & X \in \omega_j \end{cases} \tag{3.10}$$

从式（3.8）可知，这类判别函数也是把 c 类问题转变为两类问题，与 $\omega_i / \overline{\omega_i}$ 两分法不同的是，两类问题的数目不是 c 个，而是 $c(c-1)/2$ 个，并且每个两类问题不是 $\omega_i / \overline{\omega_i}$，而是 ω_i / ω_j。也就是，此时转变成了 $c(c-1)/2$ 个 ω_i / ω_j 两分法问题。

4．感知器算法

感知器是对一种分类学习机模型的称呼，属于有关机器学习的仿生学领域中的问题，对线性判别函数，当模式维数已知时，判别函数的形式实际上已经确定，如模式特征级数为三维时，对应的线性判别函数为

$$d(\boldsymbol{X}) = w_1 x_1 + w_2 x_2 + w_3 x_3 + w_4 = \boldsymbol{W}^{\mathrm{T}} \boldsymbol{X}$$

式中，$\boldsymbol{X} = [x_1, x_2, x_3, 1]^{\mathrm{T}}$ 为增广模式特征向量，$\boldsymbol{W} = [w_1, w_2, w_3, w_4]^{\mathrm{T}}$ 为权向量。只要求出权向量 $\boldsymbol{W}$，分类器的设计即完成。

感知器算法的基本思想是，首先设置一个初始的权向量，然后用已知类别的模式样本去检验权向量的合理性，当不合理时，需要对其进行修正，修正一般采用梯度下降法。

设两类线性可分的模式类 ω_1 和 ω_2 的判别函数为

$$d(\boldsymbol{X}) = \boldsymbol{W}^{\mathrm{T}} \boldsymbol{X}$$

式中，$\boldsymbol{W} = [w_1, w_2, \cdots, w_n, w_{n+1}]$，$d(\boldsymbol{X})$ 应具有如下性质：

$$d(\boldsymbol{X}) = \boldsymbol{W}^{\mathrm{T}} \boldsymbol{X} \begin{cases} > 0, & \boldsymbol{X} \in \omega_1 \\ < 0, & \boldsymbol{X} \in \omega_2 \end{cases} \tag{3.11}$$

对样本进行规范化处理，即将 ω_2 类的全部样本都乘以-1，这样对于两类的所有模式样本，判别函数的性质可描述为

$$d(\boldsymbol{X}) = \boldsymbol{W}^{\mathrm{T}} \boldsymbol{X} > 0 \tag{3.12}$$

感知器算法就是通过对已知类别的训练样本集的学习，寻找一个满足式（3.11）或式（3.12）的权向量。

3.2　实　验　指　导

3.2.1　两分法

1. 实验内容

学习并掌握两分法的基本原理，选定适当的判别函数对测试数据进行分类。在两分法中，对各类别当中的任意两类都分别建立一个判别函数，这个判别函数将属于其的模式和不属于其的模式区分开来，此判别函数对其他模式分类不提供信息，因此总共需要两个判别函数。

2. 实验步骤

①在二维坐标系随机生成 100 个测试数据点。

②设置适当的判别函数。

③用判别函数对每个点进行计算。

④根据计算得到的值确定每个点所属的类别。

⑤用图形显示分类后的效果。

3. 实验方法及程序

（1）实验方法

本次实验中，在二维坐标系的一定区域内随机选取了 100 个模式点，这些点的分布是无

规律的，实验准备将这些点分成三类，所以应该设置 3 个判别函数的，设置好判别函数之后，将这 100 个点的坐标分别代入 3 个判别函数中。

（2）实验程序（MATLAB 代码）

```
clear;
clc;

%****************随机生成模式点********************%
a = 10;
b = 10;
n = 100;  %点数
cxd1 = a*rand(n,1)-5;  %横坐标
cxd2 = b*rand(n,1)-5;  %纵坐标
cxd = [cxd1 cxd2];  %随机生成的模式点坐标
%随机生成的模式点图
figure(1);
plot(cxd1,cxd2,'o');
xlabel('x1');ylabel('x2');
title('随机生成的模式点图');

%****************设置判别式函数********************%
d12=-2.*cxd1-3.*cxd2-3;
d13=-10.*cxd1-cxd2-1;
d23=-cxd1+cxd2-1;

%****************wi/wj 两分法分类********************%
w1=[];w2=[];w3=[];wir=[];
for i=1:1:length(cxd)
    if(d12(i)>0 & d13(i)>0)
        w1=[w1;cxd(i,:)];
    else if(d12(i)<0 & d23(i)>0)
            w2=[w2;cxd(i,:)];
        else if(d13(i)<0 & d23(i)<0)
                w3=[w3;cxd(i,:)];
            else
                wir=[wir;cxd(i,:)];
            end
        end
    end
end
```

```
end

%*******************分类结果********************************%
figure(2);
%先画出判别式函数
x=-5:1:5;
y1=-(2/3).*x-1;y2=-10.*x-1;y3=x+1;
plot(x,y1,'r');hold on
plot(x,y2,'b');
plot(x,y3,'g');
axis([-5 5 -5 5]);
xlabel('x1');ylabel('x2');title('分类结果图');
%分类后的模式点图
if(~isempty(w1))
    plot(w1(:,1),w1(:,2),'o');
end
if(~isempty(w2))
    plot(w2(:,1),w2(:,2),'*');
end
if(~isempty(w3))
plot(w3(:,1),w3(:,2),'^');
legend('d12(X)=0','d13(X)=0','d23(X)=0','w1 类','w2 类','w3 类');
end
if(~isempty(wir))
plot(wir(:,1),wir(:,2),'.');
legend('d12(X)=0','d13(X)=0','d23(X)=0','w1Àà','w2  类 ','w3  类
','IR区');
end
```

4. 实验结果与分析

（1）实验结果

随机生成的 100 个点在分类前的分布如图 3-4 所示。

（2）结果分析

从实验结果可以看出，在二维空间内随机生成的 100 个模式点中的大部分点都在判别函数的作用下有了自己的类别，一共被分成三类，少数点不满足分类条件，不能分类，这部分点位于 IR 区。在本次实验中所用两分法的特点是，每个模式类和其他模式类之间是分别用判别界面分开的，一个判别界面只能分开两个类别，不一定能把其他所有的类别分开。相比于两分法，判别区间增大，不确定区间减小；相比于无不确定区两分法，则存在不确定区。

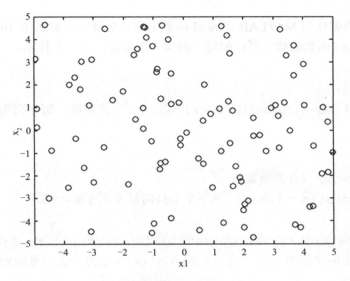

图 3-4　分类前模式点分布图

采用两分法对 100 个模式点进行分类的结果如图 3-5 所示。

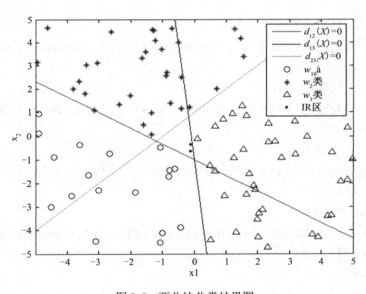

图 3-5　两分法分类结果图

 ### 3.2.2　两分法的设计

1．实验目标

①了解两分法的原理及其推导过程。

②掌握两分法并用 MATLAB 实现。

③使用 MATLAB 分析两分法的分类效果。

2. 实验数据

本次实验的数据使用 MATLAB 中 rand 函数生成一个每个元素都在-10～10 的随机 $2 \times n$ 矩阵，并使用 round 函数取整。矩阵的每一列为一组坐标，为一个样本，一共 20 个坐标点。具体实现如下：

```
A=-10;B=10;
XS=round(A+(B-A)*rand(2,20)); %生成 2*n 的矩阵，每一列为一个坐标
```

3. 实验程序

```
distinguish.m (分类函数)：
function distinguish(X)%判别单个列向量 X 属于哪一类

t=strcat(num2str(d1(X)>0),num2str(d2(X)>0),num2str(d3(X)>0));
    %t 为三位的字符串，第 i 位为 1 表示 di(X)>0,为 0 表示 di(X)<=0
    switch(t)
        case '100'
            disp(strcat('(',num2str(X(1)),',',num2str(X(2)),')','
属于 w1'));
        case '010'
            disp(strcat('(',num2str(X(1)),',',num2str(X(2)),')','
属于 w2'));
        case '001'
            disp(strcat('(',num2str(X(1)),',',num2str(X(2)),')','
属于 w3'));
        case '110'
            disp(strcat('(',num2str(X(1)),',',num2str(X(2)),')','
可能属于 w1 或 w2'));
        case '101'
            disp(strcat('(',num2str(X(1)),',',num2str(X(2)),')','
可能属于 w1 或 w3'));
        case '011'
            disp(strcat('(',num2str(X(1)),',',num2str(X(2)),')','
可能属于 w2 或 w3'));
        otherwise
            disp(strcat('(',num2str(X(1)),',',num2str(X(2)),')','
不属于 w1,w2,w3'));
    end
end
function d1=d1(X) %判别式 d1(X)=-x1+x2+1
```

```
    d1=[-1,1]*X+1;
end
function d2=d2(X) %判别式 d2(X)=x1+x2-4
    d2=[1,1]*X-4;
end
function d3=d3(X) %判别式 d3(X)=-x2+1
    d3=[0,-1]*X+1;
end
```

draw.m（绘制函数）:

```
%画图函数
function draw(XS) %XS 为 2*n 的输入矩阵，例：[[7;5],[5;5]……]
x1=-10:1:15;
x2=x1-1;
x3=-x1+4;
x4=0*x1+1;
plot(x1,x2); %绘制函数 d1(X)=-x1+x2+1
text(8,10,'d1(X)=-x1+x2+1');
text(14,14,'+'); %标注正负侧
text(14,12,'-');
hold on
plot(x1,x3); %绘制函数 d2(X)=x1+x2-4
text(8,-6,'d2(X)=x1+x2-4');
text(14,-9,'+'); %标注正负侧
text(14,-11,'-');
hold on
plot(x1,x4); %绘制函数 d3(X)=-x2+1
text(-5,1,'d3(X)=-x2+1');
text(-8,0.5,'+'); %标注正负侧
text(-8,1.5,'-');
hold on
for i=1:length(XS)
    xs=XS(:,i); %获取每个坐标点
    x=xs(1);
    y=xs(2);
    txt=strcat('(',num2str(x),',',num2str(y),')'); %坐标点标注
    plot(x,y,'r*'); %绘制坐标点
    text(x+0.35,y-0.35,txt,'FontSize',8); %在坐标点附近标注坐标点
```

```
    hold on
end
end
main.m（主函数）：
clear all;
close all;
A=-10;B=10;
XS=round(A+(B-A)*rand(2,20));%生成 2*n 的矩阵，每一列为一个坐标
draw(XS);%绘制图像
for i=1:length(XS) %判别坐标点属于哪一类
    distinguish(XS(:,i));    end
```

4.实验结果

随机生成的点及判别函数如图 3-6 所示。

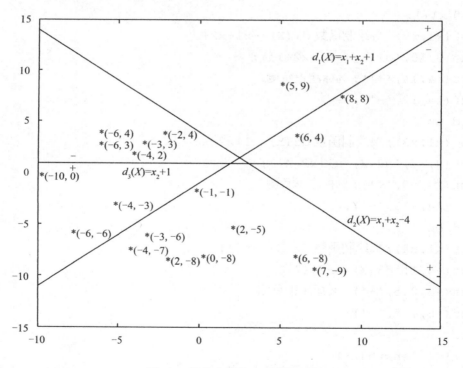

图 3-6　随机生成的点及判别函数

分类结果如图 3-7 所示。

```
>> main
(6,-8)属于w₃
(7,-9)属于w₃
(8,8)可能属于w₁或w₂
(0,-8)属于w₃
(-6,4)属于w₁
(7,-9)属于w₃
(5,9)可能属于w₁或w₂
(-3,3)属于w₁
(-3,-6)属于w₃
(6,4)属于w₂
(-4,2)属于w₁
(-2,-8)属于w₃
(-10,0)可能属于w₁或w₃
(-4,-3)可能属于w₁或w₃
(-4,-7)属于w₃
(-2,4)属于w₁
(-6,3)属于w₁
(-1,-1)可能属于w₁或w₃
(-6,-6)可能属于w₁或w₃
(2,-5)属于w₃
```

图 3.7　分类结果

5．实验分析与讨论

使用两分法分类时，将某个待分类模式 X 分别代入 M 个类的 $d(X)$ 中，若只有 $d_i(X)>0$，其他 $d(X)$ 均<0，则判为 ω_i 类。因此，用此方法将 M 个多类问题分成 M 个两类问题，识别每一类均需 M 个判别函数。识别出所有的 M 类仍是这 M 个函数，而且并不是所有的待分类模式 X 都有明确的类别。如图 3-8 中用两分法判别一个三类问题，当 $d_i(X)>0$ 的条件超过一个，或全部的 $d_i(X)<0$，分类失效。导致任意输入一个模式，不一定能判别它的类别。两分法特例就能很好地解决这个问题。

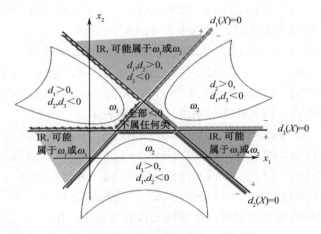

图 3.8　用两分法判别一个三类问题

3.2.3 没有不确定区域的两分法

1. 实验内容

采用线性分类器解决多类分类问题时，通常有两种方法：一种是一对多的做法，用 c 个分类器实现；另一种是采用逐对分类的做法，用 $c(c-1)/2$ 个分类器来实现。本次实验为了完成没有不确定区域的两分法，采用了一对多的做法，设计 c 个分类器，通过比较每个分类器的值最大确定属于哪类，模型参数的训练采用感知机学习算法来实现。实验给出了数据是三类和四类时的分类结果。

2. 实验步骤

①获得原始的数据，在二维空间中画出数据分布。

②初始化权重向量，设定学习步长，初始化学习迭代终止标志位。

③由上一步获得的权重向量计算当前的样本能否正确分类：如果正确分类，则权重不变；如果分类错误，则进行惩罚学习。

④当所有的样本都能够正确分类时，学习的迭代标志位满足条件，学习结束，分类器的模型确定。

3. 实验代码及注释

下面给出对三类别进行分类时的实验代码。

```
function [output_args] = Linear3Classier(input_args)
%第一类样本（横轴小于2.44，纵轴小于2.89）左下
x1(1,1)=2.1418; x1(1,2)=0.5950;x1(2,1)=0.5519; x1(2,2)=0.5091;
x1(3,1)=1.3836; x1(3,2)=1.8033;x1(4,1)=1.2419; x1(4,2)=2.7278;
x1(5,1)=0.4427; x1(5,2)=2.8981;x1(6,1)=2.2427; x1(6,2)=2.5981;
%第二类样本（横轴大于5.47，纵轴大于4）右上
x2(1,1)=2.7302; x2(1,2)=4.5080;x2(2,1)=3.8067; x2(2,2)=4.5319;
x2(3,1)=3.1664; x2(3,2)=4.0801;x2(4,1)=2.9686; x2(4,2)=6.0172;
x2(5,1)=4.0973; x2(5,2)=4.0559;x2(6,1)=2.4755; x2(6,2)=4.9869;
%第三类样本（横轴大于4.7，纵轴小于2.45）右下
x3(1,1)=4.7302; x3(1,2)=0.5080;x3(2,1)=5.8067; x3(2,2)=2.1319;
x3(3,1)=6.1664; x3(3,2)=2.2801;x3(4,1)=4.9686; x3(4,2)=1.0172;
x3(5,1)=5.0973; x3(5,2)=2.4559;x3(6,1)=6.4755; x3(6,2)=2.1869;
%画出原始的样本点，四类样本分别用"*o+."来表示
for i=1:6 r1(i)=x1(i,1);end;for i=1:6 r2(i)=x1(i,2);end;
for i=1:6 r3(i)=x2(i,1);end;for i=1:6 r4(i)=x2(i,2);end;
for i=1:6 r5(i)=x3(i,1);end;for i=1:6 r6(i)=x3(i,2);end;
figure(1);plot(r1,r2,'*',r3,r4,'o',r5,r6,'+');
%保持当前的轴和图像不被刷新，在该图上接着绘制下一图
hold on;
```

%考虑到不经过原点的超平面，对 x 进行扩维,使 x'=[x 1]，x 为 2 维的，故加 1 扩为 3 维

```
x1(:,3) = 1;x2(:,3) = 1;x3(:,3) = 1;
%权重学习%先进行初始化
p = 0.5;%p 是迭代步长
s = 1;%标识符，当 s=0 时，表示迭代终止
n = 1;%表示迭代的次数
%wi 是权向量，ws 为是否正确分类的标志位;
w1 = [0;0;0];w2 = [0;0;0];w3 = [0;0;0];
ws = [0;0;0];
%开始学习
while s
for i = 1:6
if (x1(i,:)*w1>x1(i,:)*w2)  w1 = w1;%分类正确，权向量估计不变
 else %分类错误
   w1 = w1+p*x1(i,:)'; w2 = w2-p*x1(i,:)'; %惩罚学习
   ws=ws+x1(i,:)';%分错标注累加
end
if (x1(i,:)*w1>x1(i,:)*w3) w1 = w1;
else
   w1 = w1+p*x1(i,:)';w3 = w3-p*x1(i,:)';ws=ws+x1(i,:)';
end
end
for i = 1:6
if (x2(i,:)*w2>x2(i,:)*w1) w2 = w2;
else
   w2 = w2+p*x2(i,:)';  w1 = w1-p*x2(i,:)';ws=ws+x2(i,:)';
end
if (x2(i,:)*w2>x2(i,:)*w3) w2 = w2;
else
   w2 = w2+p*x2(i,:)';  w3 = w3-p*x2(i,:)';ws=ws+x2(i,:)';
end
end
for i = 1:6
if (x3(i,:)*w3>x3(i,:)*w1) w3 = w3;
else
   w3 = w3+p*x3(i,:)';  w1 = w1-p*x3(i,:)';ws=ws+x3(i,:)';
end
```

```
    if (x3(i,:)*w3>x3(i,:)*w2) w3 = w3;
    else
      w3 = w3+p*x3(i,:)'; w2 = w2-p*x3(i,:)';ws=ws+x3(i,:)';
    end
  end
  if (ws==[0;0;0]) %如果每个 wi 都分对了
    s = 0; %终止学习
  else
  %p=p+0.1; %调整学习率 p
  n = n+1; %迭代次数加 1
  ws=[0;0;0]; %清零
  end
end
%初始化作图
x = linspace(0,8,5000); % 取 5000 个 x 的点作图
y1=(-w1(1)/w1(2))*x-w1(3)/w1(2);y2=(-w2(1)/w2(2))*x-w2(3)/w2(2);
y3 = (-w3(1)/w3(2))*x-w3(3)/w3(2);
plot(x,y1,'r',x,y2,'b',x,y3,'y');
axis([0,8,0,6]) %设定当前图中，x 轴范围为 1～12，为 y 轴范围为 0～8
%下面开始分类
input_args(1,3) = 1; %如果没有输入样本，参数默认值是 0，则输出的是 w1
vmax=max([input_args*w1,input_args*w2,input_args*w3]);
  if (input_args*w1==vmax)
    disp('w1'); end
  if input_args*w2==vmax
    disp('w2'); end
  if input_args*w3==vmax
    disp('w3'); end
end
```

4. 实验结果

三分类时的实验结果如图 3-9 所示。

结果分析：在这个三分类的问题上，可以直观地看到每个分类面最终都相交于一点，每相邻的两个分界面是重合的，整个空间被划分为 3 个部分，以至于任意一个数据在这个空间中都可以有明确的分类，由此可以说明这是一个没有不确定区域的分类器。

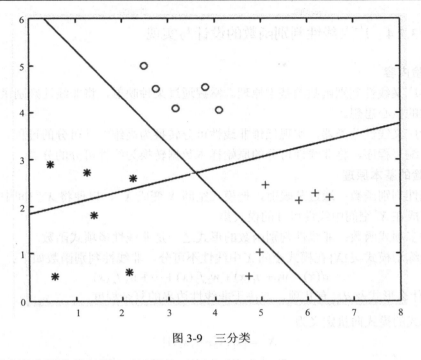

图 3-9　三分类

四分类时的分类结果如图 3-10 所示。

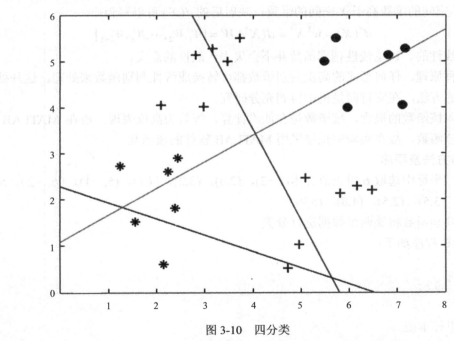

图 3-10　四分类

结果分析：当问题变成四分类时，通过数据点的观察可以发现，这已经是一个线性不可分的问题了，因此不能再仅仅依靠分界面的几何特征来直观确定能否正常分类，这时只能通过具体的样本进入分类器之后才能判断分类器的性能。经过测试，该分类器也能很好地对数据进行分类。

3.2.4 广义线性判别函数的设计与实现

1. 实验内容

①理解广义线性判别函数的基本原理。掌握通过某种映射，将非线性判别函数转换为线性判别函数的核心思想。

②设计广义线性分类器，实现低维非线性可分转换为高维线性可分的过程。

③通过编写程序，将非线性可分的原始样本数据转换为线性可分的分类。

2. 实验的基本原理

广义线性判别函数：通过某映射，把模式空间 X 变成 X^*，以便将 X 空间中非线性可分的模式集变成在 X^* 空间中线性可分的模式集。

非线性多项式函数：非线性判别函数的形式之一是非线性多项式函数。

设一训练用模式集 $\{X\}$ 在模式空间 X 中线性不可分，非线性判别函数如下：

$$d(x) = w_1 + f_1(x) + w_2 f_2(x) + \cdots + w_k f_k(x)$$

$f_{(x)}$ 取什么形式及 $d_{(x)}$ 有几项，取决于非线性边界的复杂程度。

广义形式的模式向量定义为

$$\boldsymbol{X}^* = [x_1^*, x_2^*, \cdots, x_k^*, 1]$$

$$\boldsymbol{T} = \left[f_1(X), f_2(X), \cdots, f_x(X), 1 \right]^{\mathrm{T}}$$

这里 X^* 空间的维数高于 X 空间的维数，映射后的 $d(X)$ 可以写为

$$d^*(X) = w^{\mathrm{T}} \boldsymbol{X}^* = d(\boldsymbol{X}^*), \boldsymbol{W} = [W_1, W_2, \cdots, W_k, W_{k+1}]$$

上式是线性的。讨论线性判别函数并不会失去一般性的意义。

按照这种原理，任何形式的高次判别函数都可转换成线性判别函数来处理。这种处理非线性分类器的方法，在支持向量机中得到充分研究。

这里引入核函数的概念，核函数是在低维计算，等效为高维表现。而在 MATLAB 软件中有自带的核函数，故在实验中直接采用 MATLAB 软件的核函数。

3. 实验方法及程序

①在二维坐标中选取 6 组正值样本(1,-2)，(2,0)，(3,2)，(4,1)，(5, -1)，（6, -2)，5 组负值样本(1,2)，(3,5)，(2,5)，(4,8)，(5,9)。

②找出判别函数将该两组数据进行分类。

MATLAB 程序如下：

```
close all;
clc;
%去两组样本值
sp=[1,-2;2,0;3,2;4,1;5,3;6,2]  %正样本
nsp=size(sp);
sn=[1,2;3,5;2,5;4,8;5,9;]  %负样本
nsn=size(sn)
```

```
sd=[sp;sn]
lsd=[true true true true true  true  false false false false false]
Y=nominal(lsd)
figure(1);
subplot(1,2,1)
plot(sp(1:nsp,1),sp(1:nsp,2),'m+');
hold on
plot(sn(1:nsn,1),sn(1:nsn,2),'c*');
subplot(1,2,2)
%使用核函数
svmStruct=svmtrain(sd,Y,'Kernel_Function','quadratic','showplot'
,true);
RD=svmClassify(svmStruct,sd,'showplot' , true)
```

4．实验结果与分析

通过编写代码，运行程序得到如图 3-11 所示的结果，左边为在低维线性空间的结果，右边为高维空间的结果。

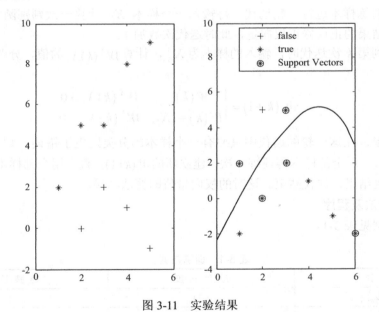

图 3-11　实验结果

由结果可知，样本数据在低维线性下不可分，但是转换为到高维空间就线性可分。由于对核函数的选择还缺乏指导原则，针对某些数据样本有的核函数处理效果很好，而有些比较差。根据实验结果，本实验所选用的核函数对实验的结果还是比较理想的，找到的判别曲线能够正确进行分类。

3.2.5 感知器算法的设计与实现

1．实验内容

①以蠓虫分类问题作为实验对象，收集了两类蠓虫（A_f 与 A_{pf}）的触角与翅膀长度。

②依据收集的数据，利用感知器算法对两类蠓虫进行分类，得到判别函数。

③对训练得到的判别函数，用一组检验数据对其进行测试评价。

2．实验原理

感知器（Perception）是一种神经网络模型。对于两类线性可分的模式类 ω_1 和 ω_2，首先对样本进行规范化处理，即将 ω_2 类的全部样本都乘以(-1)，这样对于两类的所有模式样本，判别函数性质描述为

$$d(X) = W^T X > 0$$

式中，$W = [w_1, w_2, \cdots, w_n, w_{n+1}]^T$，$X = [x_1, x_2, \cdots, x_n, 1]^T$。

感知器算法（Perception Approach）通过对已知类别的训练样本集的学习，寻找一个满足上式的权向量。具体步骤如下：

①选择 N 个分属于 ω_1 和 ω_2 类的模式样本构成的训练样本集，将训练样本写成增广向量的形式，并进行规范化处理。

②用全部训练样本进行一轮迭代。每输入一个样本 X，计算一次判别函数 $W^T X$，根据判别函数分类结果的正误修正权向量，此时迭代次数加 1。

假设进行到第 k 次迭代时，输入的样本为 X_K，计算 $W^T(k)X_i$ 的值，分两组情况更新权向量：

$$W(k+1) = \begin{cases} W(k), & W^T(k)X_i > 0 \\ W(k) + cX_i, & W^T(k)X_i \leqslant 0 \end{cases}$$

③分析结果，在这一轮的迭代中只要有一个样本的分类发生了错误，则回到步骤（2）进行下一轮迭代，用全部样本再训练一次，建立新的 $W(k+1)$，直至用全部样本进行训练都获得了正确的分类结果，迭代结束。这时的权向量值即算法结果。

3．实验方法及程序

①训练数据见表 3-1。

表 3-1 训练数据

物　种	触角长度	翅膀长度
A_f	1.24	1.27
A_f	1.36	1.74
A_f	1.38	1.64
A_f	1.38	1.82
A_f	1.38	1.90
A_f	1.40	1.70
A_f	1.48	1.82
A_f	1.54	1.82

续表

物　种	触角长度	翅膀长度
A_{pf}	1.56	2.08
A_{pf}	1.14	1.82
A_{pf}	1.18	1.96
A_{pf}	1.20	1.86
A_{pf}	1.26	2.00
A_{pf}	1.28	2.00
A_{pf}	1.30	1.96

②设置初始权向量为 $w_0=[0.1,0.1,0.1]^T$,校正增量为 0.1。

③执行函数 main.m 文件代码,如下所示:

```
clear;
x1=[1.24,1.27;
    1.36,1.74;
    1.38,1.64;
    1.38,1.82;
    1.38,1.90;
    1.40,1.70;
    1.48,1.82;
    1.54,1.82;
    1.56,2.08;];
x2=[1.14,1.82;
    1.18,1.96;
    1.20,1.86;
    1.26,2.00;
    1.28,2.00;
    1.30,1.96;];
w=double([0.1,0.1,0.1]);              %权向量初始化
w=perceptron(x1,x2,w,0.1);            %调用感知器函数,输入两个类别
矩阵、初始权向量、校正增量
scatter(x1(:,1),x1(:,2),'r','o'); %将x1类的点用红色圆圈表示
hold on;
scatter(x2(:,1),x2(:,2),'g','*'); %将x2类的点用绿色圆圈表示
axis([1 1.8 1 2.5]);
line([(-w(3)-1*w(2))/w(1),(-w(3)-2.5*w(2))/w(1)],[1,2.5],
'Color','b'); %检验数据
title('感知器算法实现蠓虫分类问题');
```

```
xlabel('触角长度');
ylabel('翅膀长度');
```

④感知器函数 perceptron.m 文件代码如下：

```
function [ out ] = perceptron( x1,x2,w,e )
[m1,n1] = size(x1);
[m2,n2] = size(x2);
X1 = ones(m1,n1+1);
X2 = ones(m2,n2+1);
X1(:,1:n1) = x1;      %得到增广矩阵
X2(:,1:n2) = x2;
X2 = - X2;            %对 w2 类的点进行规范化处理
flag = 0;            %flag 为 0 时表示此次循环中仍有点分类不正确
while flag == 0
    flag = 1;
    for i=1:m1
        g = X1(i,:).*w;
        s = sum(g);
        if s <= 0
            w = w + e*X1(i,:);
            flag = 0;
        end
    end
    for i=1:m2
        g = X2(i,:).*w;
        s = sum(g);
        if s <= 0
            w = w + e*X2(i,:);
            flag = 0;
        end
    end
end
out = w;
End
```

⑤对判别函数进行检测，检测的数据有
A_{pf} = [1.24,1.80; 1.28,1.84] A_f = [1.40,2.04]

4．实验结果与分析

（1）实验结果

训练结果如图 3-12 所示，∗型为 A_{pf} 蠓虫，○型为 A_f 蠓虫，得到判别函数权向量为 $\boldsymbol{w} = [0.29, 0.258, 0.1]^T$。

根据训练得到的权向量，对判别函数进行检验，黑色表示检验数据，同形状的为同一类型蠓虫。检验结果如图 3-13 所示。

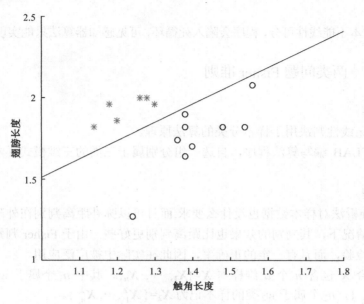

图 3-12　感知器算法结果图

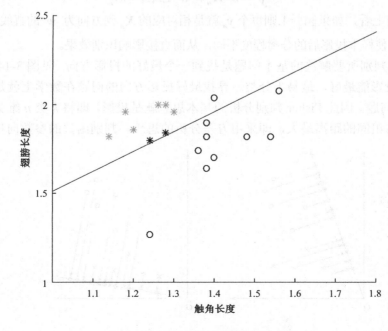

图 3-13　验证判别结果

（2）结果分析

① 由图 3-12 可以看出，利用感知器算法可以实现线性分类，判别函数系数的最终取值与权向量初始值、校正增量都有关系，并且很大程度影响了判别函数的准确性。

② 样本点越多判别函数越准确，由训练样本所生成的判别函数，在对验证集进行判别时可能会有一定误差。图 3-13 表明，在对训练集得到的判别函数进行检验时出现了误判，证明了感知器算法的局限性。若使用支持向量机进行训练，得到的判别函数会比用感知器算法更加准确。

③ 若两类样本不能线性可分，程序会陷入死循环，可见感知器算法只能实现线性分类问题。

 ### 3.2.6 两类问题 Fisher 准则

1. 实验内容

① 了解 Fisher 线性判决用于样本分类的算法原理。

② 利用 MATLAB 编写算法程序，自选一组分别属于三类的三维模式样本，并对它们进行分类。

2. 实验原理

Fisher 判别分析法对样本数据也没什么要求，而且可以弥补距离判别在外延计算时计算量大的问题，一般情况下，其判别的效果也比距离判别更好些。由于 Fisher 判别分析法不需要对样本数据进行检验，而且有一定的正确率，因此在实际中被广泛应用。

假设有一集合 X 包含 n 个 d 维样本 $X=\{X_1, \cdots, X_n\}$，其中 n_1 个属于 w_1 类的样本记为 $X_1=\{X_1^1, \cdots, X_{n_1}^1\}$，$n_2$ 个属于 w_2 类的样本记为 $X_2=\{X_1^2, \cdots, X_{n_2}^2\}$。

$$y_n = w^T X_n, \quad n=1,2,3,\cdots,N_i$$

上式从几何上看，如果 $\|w\|=1$，则每个 y_n 就是相对应的 X_n 到方向为 w 的直线上的投影，w 的方向不同，将使样本投影后的分离程度不同，从而直接影响识别效果。

Fisher 线性判别所要解决的基本问题是找到一个最好的投影方向（见图 3-14），使样本在这个方向上的投影能最好，最易于分类。寻找最好投影方向的问题在数学上就是寻找最好的变换向量 w^* 的问题。因此 Fisher 判别分析的基本思想就是投影，即将 k 类 n 维数据投影到某个方向，使组与组间的距离最大，即采用方差分析的思想。判别函数的参数向量如下：

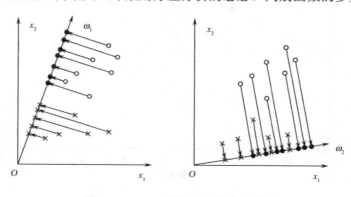

图 3-14　Fisher 线性判别的基本原理

在 D 维 X 空间：

①各样本均值向量

$$\boldsymbol{m}_i = (1/n_i)\sum_{x \in X_i} X，\quad i = 1,2$$

②样本类内离散度矩阵 $\boldsymbol{S}_i$ 和各类内离散矩阵 $\boldsymbol{S}_w$

$$\boldsymbol{S}_i = \sum_{x \in X_i}(x - \boldsymbol{m}_i)(x - \boldsymbol{m}_i)^{\mathrm{T}}，\quad i = 1,2$$

$$\boldsymbol{S}_w = S_1 + S_2$$

③样本间离散度矩阵 $\boldsymbol{S}_b$

$$\boldsymbol{S}_b = (\boldsymbol{m}_1 - \boldsymbol{m}_2)(\boldsymbol{m}_1 - \boldsymbol{m}_2)^{\mathrm{T}}$$

最终可得 Fisher 准则函数为：

$$J(\boldsymbol{w}) = (\boldsymbol{w}^{\mathrm{T}}\boldsymbol{S}_b\boldsymbol{w})/(\boldsymbol{w}^{\mathrm{T}}\boldsymbol{S}_w\boldsymbol{w})$$

其希望各类样本内部尽量密集，样本间尽可能分得开些。

3．实验方法及程序

（1）样本数据

样本 1：w₁=[−0.4 0.58 0.089;−0.31 0.27 −0.04;−0.38 0.055 -0.035;−0.15 0.53 0.011;−0.35 0.47 0.034;　−0.17　0.69　0.1;−0.011　0.55　−0.18;−0.27　0.61　0.12;−0.065　0.49 0.0012;−0.12 0.054　−0.063]

样本 2：w₂=[0.8 1.6 -0.014;1.1 1.6 0.48;−0.44 -0.41 0.32;0.047 -0.45 1.4;0.28 0.35 3.1;　−0.39　−0.48 0.11;0.34 -0.079 0.14;-0.3 -0.22 2.2;1.1 1.2 -0.46;0.18 -0.11 -0.49]

样本 3：w₃=[1.58 2.32 −5.8;0.67 1.58 −4.78;1.04 1.01 −3.63;−1.49 2.18 −3.39;−0.41 1.21 −4.73; 1.39　3.61　2.87;1.2　1.4　−1.89;−0.92　1.44　−3.22;0.45　1.33　−4.38;−0.76　0.84 −1.96]

（2）测试数据

xx1=[−0.7 0.58 0.089]'

xx2=[0.047 −0.4 1.04]'

（3）实验代码

```
w1=[-0.4 0.58 0.089;-0.31 0.27 -0.04;-0.38 0.055 -0.035;-0.15 0.53
0.011;
    -0.35 0.47 0.034; -0.17 0.69 0.1;-0.011 0.55 -0.18;-0.27 0.61 0.12;
    -0.065 0.49 0.0012;-0.12 0.054 -0.063];
w2=[0.8 1.6 -0.014;1.1 1.6 0.48;-0.44 -0.41 0.32;0.047 -0.45 1.4;0.28
0.35 3.1;
    -0.39 -0.48 0.11;0.34 -0.079 0.14;-0.3 -0.22 2.2;1.1 1.2 -0.46;
    0.18 -0.11 -0.49];
w3=[1.58 2.32 -5.8;0.67 1.58 -4.78;1.04 1.01 -3.63;-1.49 2.18
-3.39;-0.41 1.21 -4.73; 1.39
```

```
    3.61 2.87;1.2 1.4 -1.89;-0.92 1.44 -3.22;0.45 1.33 -4.38;-0.76
0.84 -1.96];
 xx1=[-0.7 0.58 0.089]';
 xx2=[0.047 -0.4 1.04]';
 s1=cov(w2,1);
 m1=mean(w2)';
 s2=cov(w3,1);
 m2=mean(w3)';
 sw=s1+s2;
 w=inv(sw)*(m1-m2);
 y0=(w'*m1+w'*m2)/2;
 figure(1);
 for i=1:1:10
     plot3(w2(i,1),w2(i,2),w2(i,3),'r*');
     hold on;
     plot3(w3(i,1),w3(i,2),w3(i,3),'bo');
 end;
 z1=w'*w2';
 z2=w'*w3';
 figure(2)
 xmin=min(min(w2(:,1)),min(w3(:,1)));
 xmax=max(max(w2(:,1)),max(w3(:,1)));
 x=xmin-1:(xmax-xmin)/100:xmax;
 plot3(30*x,30*x*w(2,:)/w(1,:),30*x*w(3,:)/w(1,:),'k');
 hold on;
 for i=1:10
     plot3(z1(i)*w(1),z1(i)*w(2),z1(i)*w(3),'rx')
     hold on
     plot3(z2(i)*w(1),z2(i)*w(2),z2(i)*w(3),'bp')
 end
 hold off
 y1=w'*xx1;
 if y1>y0
     fprintf('测试数据xx1属于w2类\n');
 else
     fprintf('测试数据xx1属于w3类\n');
 end
 y2=w'*xx2;
```

```
if y2>y0
    fprintf('测试数据xx2属于w2类\n');
else
    fprintf('测试数据xx2属于w3类\n');
end
```

4．实验结果及分析

使用 Fisher 线性判别器进行样本分类的判别结果如下。

（1）样本 w_2 和 w_3

样本类别 w_2 和 w_3 中样本分布如图 3-15 所示。

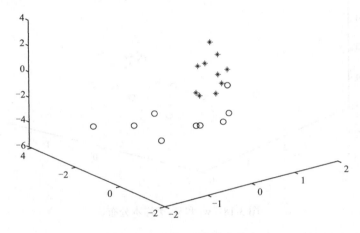

图 3-15　w_2 和 w_3 类样本分布

使用 Fisher 线性判别器进行判别，结果如图 3-16 所示。

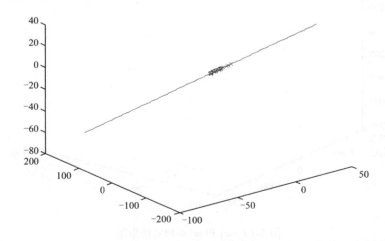

图 3-16　w_2 和 w_3 类判别结果

对测试样本 xx1 和 xx2 进行分类判别，所得结果如图 3-17 所示。

```
>> fisher
测试数据xx1属于w2类
测试数据xx2属于w2类
```

图 3-17　测试样本分类结果

（2）样本 w_1 和 w_3

样本类别 w_1 和 w_3 中样本分布如图 3-18 所示。

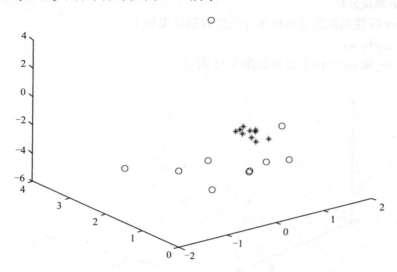

图 3-18　w_1 和 w_3 类样本分布

使用 Fisher 线性判别器进行判别，结果如图 3-19 所示。

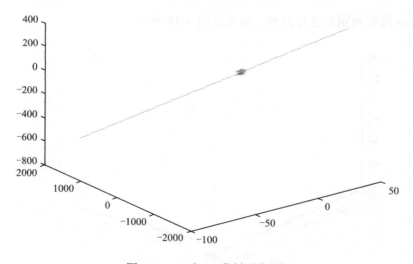

图 3-19　w_1 和 w_3 类判别结果图

对测试样本 xx1 和 xx2 进行分类判别，所得结果如图 3-20 所示。

```
>> fisher
测试数据xx1属于w1类
测试数据xx2属于w1类
```

图 3-20　测试样本分类结果

（3）样本 w_1 和 w_2

样本类别 w_1 和 w_2 中样本分布如图 3-21 所示。

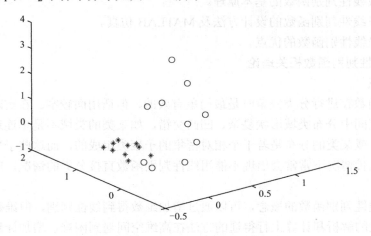

图 3.21　w_1 和 w_2 类样本分布

使用 Fisher 线性判别器进行判别，结果如图 3-22 所示。

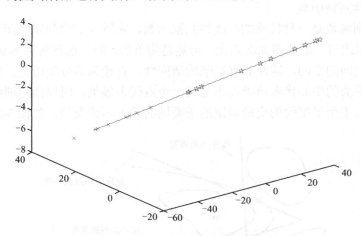

图 3-22　w_1 和 w_2 类判别结果

对测试样本 xx1 和 xx2 进行分类判别，所得结果如图 3-23 所示。

```
>> fisher
测试数据xx1属于w1类
测试数据xx2属于w2类
```

图 3-23　测试样本分类结果

由上述实验结果可知，使用 Filsher 线性判决方程每次可将两类问题进行划分，且可对测试样本进行正确分类。

 ### 3.2.7　基于距离的分段线性判别函数

1．实验目的意义

①了解分段线性判别函数的基本原理。

②掌握分段线性判别函数的设计方法及 MATLAB 仿真。

③理解分段线性别函数的优点。

2．分段线性判别函数相关理论

（1）出发点

线性判别函数在进行分类决策时是最简单有效的，但适用面较窄。在实际应用中，有两类模式在特征空间中分布类域形状复杂、凹凸交错，如某类的类域不是单连通的，或某类的类域有另一类，或某类的分布是若干个相对密集的子聚类组成的，而这些子聚类的分布是成长条状的等，这种情况下常常会出现不能用线性判别函数直接分类的情况，应使用某种超曲面进行有效划分。

采用广义线性判别函数的概念，可以通过增加维数得到线性判别，但维数的大量增加会使在低维空间里的解析和计算上行得通的方法在高维空间遇到困难，增加计算的复杂性。

引入分段线性判别函数的判别过程，是因为它比一般的非线性判别函数的错误率小，但又比非线性判别函数简单。

（2）分段线性判别函数

分段线性判别函数是一种特殊的非线性判别函数，它所表示的判别界面是由若干个超平面片组成的。因此与一般的超曲面相比，仍然是简单的，但能逼近各种形状的超曲面，"柔性"地通过两类之间的空间，因此具有很强的适应性，有较强的分类能力。常用的方法是：用某类的所有子聚类的中心代表该类而不是用一个点代表该类；用局部的训练模式产生局部的判别函数；用若干个半空间的交所确定的子类域的并表示该类域，如图 3-24 所示。

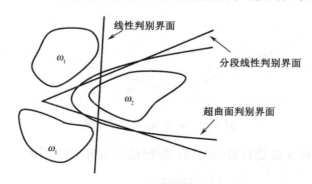

图 3-24　分段线性判别函数

3．实验内容

建立两个训练集，其中至少有一个训练集为非单连通。分别采用线性判别函数和基于距离的分段线性判别函数对两个训练集聚类。通过计算两者的准确率,理解分段线别函数的优点。

4. 实验步骤

①建立两个训练集 train_type1 和 train_type2,其中 train_type1 非单连通。

②建立测试集。

③得出线性判别函数并画图。

④取非单连通训练集的不同代表点,并得出判别函数,画出图形。

⑤计算线性判别函数和基于距离分段线性判别函数的准确率,并比较得出结论。

5. 实验代码与注释

```
clc;
close all;
clear all;

t = 1:0.001:30;

train_type1 = [1,8;2,7;2,9;3,6;3,10;4,10;4,12;4,7;5,8;20,5;20,
6;21,8;21,5;22,6;23,8;23,6;25,5];%训练集
train_type2 = [5,2;8,3;9,2;12,3;15,3;16,1;12,2;7,1;6,1;6,3;8,6;
10,7;13,7;11,8;14,8;8,12;8,13;10,14;13,10;15,9;18,11;20,15];%训练集
test_data = [1,14;2,10;4,18;10,4;12,3;18,5;20,11;15,7;14,6;24,
9];%测试集
label_test_set = [1 1 1 0 0 1 1 0 0 1];%测试标签集
label_test = zeros(1,10);%分类结果标签
%线性分类函数
average1 = mean(train_type1);
average2 = mean(train_type2);
middle = 0.5*(average1 + average2);
k1 = (average2(1)-average1(1))/(average1(2)-average2(2));
b1 = middle(2) - (k1*middle(1));
y1 = k1*t+b1;
figure(1);
plot(train_type1(:,1),train_type1(:,2),'m+');hold on;
plot(train_type2(:,1),train_type2(:,2),'b*');hold on;
plot(average1(1),average1(2),'go');hold on;
plot(average2(1),average2(2),'ko');hold on;
plot(t,y1,'k');axis([0 25 0 20]);hold on;

%分段线性分类函数
```

```
  train_type1_t1 = [1,8;2,7;2,9;3,6;3,10;4,10;4,12;4,7;5,8];
  train_type1_t2 = [20,5;20,6;21,8;21,5;22,6;23,8;23,6;25,5];
  train_type2_t1 = [5,2;8,3;9,2;12,3;15,3;16,1;12,2;7,1;6,1;6,3];
  train_type2_t2 = [8,6;10,7;13,7;11,8;14,8];
  train_type2_t3 = [8,12;8,13;10,14;13,10;15,9;18,11;20,15];

  average1_t1 = mean(train_type1_t1);
  average1_t2 = mean(train_type1_t2);
  average2_t1 = mean(train_type2_t1);
  average2_t2 = mean(train_type2_t2);
  average2_t3 = mean(train_type2_t3);

  middle1 = 0.5*(average1_t1 + average2_t1);
  k2 = (average2_t1(1)-average1_t1(1))/(average1_t1(2)-average2_
t1(2));
  b2 = middle1(2) - (k2*middle1(1));
  y2 = k2*t+b2;

  middle1 = 0.5*(average1_t1 + average2_t2);
  k3 = (average2_t2(1)-average1_t1(1))/(average1_t1(2)-average2_
t2(2));
  b3 = middle1(2) - (k3*middle1(1));
  y3 = k3*t+b3;

  middle1 = 0.5*(average1_t1 + average2_t3);
  k4 = (average2_t3(1)-average1_t1(1))/(average1_t1(2)-average2_
t3(2));
  b4 = middle1(2) - (k4*middle1(1));
  y4 = k4*t+b4;

  middle1 = 0.5*(average1_t2 + average2_t1);
  k5 = (average2_t1(1)-average1_t2(1))/(average1_t2(2)-average2_
t1(2));
  b5 = middle1(2) - (k5*middle1(1));
  y5 = k5*t+b5;

  middle1 = 0.5*(average1_t2 + average2_t2);
  k6 = (average2_t2(1)-average1_t2(1))/(average1_t2(2)-average2_
t2(2));
```

```
    b6 = middle1(2) - (k6*middle1(1));
    y6 = k6*t+b6;

    middle1 = 0.5*(average1_t2 + average2_t3);
    k7 = (average2_t3(1)-average1_t2(1))/(average1_t2(2)-average2_
t3(2));
    b7 = middle1(2) - (k7*middle1(1));
    y7 = k7*t+b7;

    [~,position1] = min(abs(y2-y3));
    [~,position2] = min(abs(y3-y4));
    [~,position3] = min(abs(y5-y6));
    [~,position4] = min(abs(y6-y7));

    figure(2);
    plot(train_type1(:,1),train_type1(:,2),'m+');hold on;
    plot(train_type2(:,1),train_type2(:,2),'b*');hold on;
    plot(t(1:position1),y2(1:position1),'k');hold on;
    plot(t(position1:position2),y3(position1:position2),'k');hold on;
    plot(t(1:position2),y4(1:position2),'k');hold on;
    plot(t(position3:length(t)),y5(position3:length(t)),'k');hold on;
    plot(t(position3:position4),y6(position3:position4),'k');hold on;
    plot(t(position4:length(t)),y7(position4:length(t)),'k');axis([
0 25 0 20]);hold on;

    %分类准确率
    %线性分类函数
    for i = 1:1:10
        if(k1*test_data(i,1)+b1-test_data(i,2) > 0)
            label_test(i) = 0;
        else
            label_test(i) = 1;
        end
    end
    label_test
    n=find((label_test_set - label_test)~=0);
    disp(['线性分类函数的分类精度：' num2str((10-length(n))/10)]);

    %分段线性分类函数
```

```
for i = 1:1:10
    d1= (test_data(i,1)-average1_t1(1))^2 + (test_data(i,2)-
average1_t1(2))^2;
    d2= (test_data(i,1)-average1_t2(1))^2 + (test_data(i,2)-
average1_t2(2))^2;
    d3= (test_data(i,1)-average2_t1(1))^2 + (test_data(i,2)-
average2_t1(2))^2;
    d4= (test_data(i,1)-average2_t2(1))^2 + (test_data(i,2)-
average2_t2(2))^2;
    d5= (test_data(i,1)-average2_t3(1))^2 + (test_data(i,2)-
average2_t3(2))^2;
    if(find([d1 d2 d3 d4 d5] == min([d1 d2 d3 d4 d5]))>2)
        label_test(i) = 0;
    else
        label_test(i) = 1;
    end
end
label_test
n=find((label_test_set - label_test)~=0);
disp(['分段线性分类函数的分类精度：' num2str((10-length(n))/10)]);
```

6. 实验结果与分析

（1）实验结果

① 线性判别平面的实验结果如图 3-25 所示。

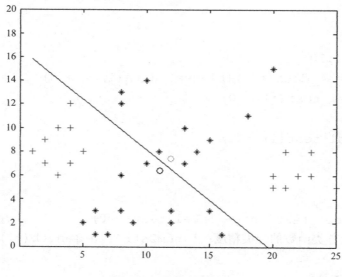

图 3-25　线性判别平面

②基于距离的分段线性判别平面的实验结果如图 3-26 所示。

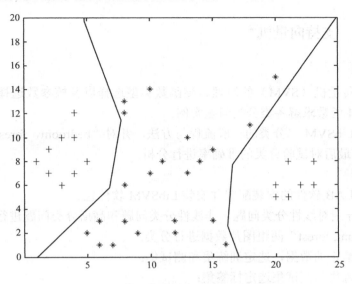

图 3-26　基于距离的分段线性判别平面

③准确率计算如图 3-27 所示。

图 3-27　准确率计算

2．实验分析

由图 3-25 可知，在题设情况下线性判别函数分类出错。有两类模式在特征空间中分布类域形状复杂、凹凸交错，如某类的类域不是单连通的，或某类的类域有另一类，或某类的分布是若干个相对密集的子聚类组成的，而这些子聚类的分布是成长条状的，线性判别函数不能被采用。

由图 3-26 可知，在同种情况下，基于距离的分段线性判别函数没有出错，具有很强的适应性，有较强的分类能力。

尽管基于距离的线性判别函数是在一种很特殊的情况下得到的，但按距离分类的原理是可以推广的。在两类问题中把各类别样本特征向量的均值作为各类的代表点，而样本的类别按它到各类别代表点的最小距离划分。在这种判别函数中，决策面是两类均值连线的垂直平分面。显然这种判别方法只有在各类别密集地分布在其均值附近时才有效。对于各类交错分布的情况，可以运用聚类的方法将一些类分解为若干个子类，之后采用距离分类的思想完成最终分类，由此得到的判别函数就是基于距离的分段线性判别函数。

 ### 3.2.8　支持向量机

1．实验内容

①掌握支持向量机（SVM）的原理、核函数类型选择以及核参数选择原则等，并利用 MATLAB 的 SVM 函数求解各类分类问题实例。

②熟悉基于 LibSVM 二分类的一般流程与方法，并对"bedroom，forest"两组数据进行分类（二分类），最后对试验分类的准确率进行分析。

2．实验步骤

①完成 MATLAB 软件的安装配置并安装 LibSVM 软件包。

②编写程序分别对线性分类问题、非线性分类问题和高斯分类问题进行求解。

③对"bedroom, forest"两组图片数据进行分类。

Step1：根据给定的数据，选定训练集和测试集；

Step2：为训练集与测试集选定标签集；

Step3：利用训练集进行训练分类，得到 model；

Step4：根据 model，对测试集进行测试，得到 accuracy rate。

数据准备：

"bedroom.mat"10×15 的矩阵，分别代表了不同的十张有关于 bedroom 图片的 15 维属性；

"forest.mat"10×15 矩阵，分别代表了不同的十张有关于 forest 图片的 15 维属性特征；

训练集：trainset()；分别取 bedroom(1:5,:)和 forse(1:5,:)作为训练集；

测试集：testset()；　分别取 bedroom(6:10,:)和 forse(6:10,:)作为测试集；

标签集：label()；取 bedroom 的数据为正类，标签为 1；forse 的数据为负类，标签为-1。

3．实验代码与注释

（1）线性分类

```
clear all;
close all
clc;

sp=[3,7; 6,4; 4,6;7.5,6.5]   % positive sample points
nsp=size(sp);
sn=[1,3; 5,2;7,3;3,4;6,1]   % negative sample points
nsn=size(sn)
sd=[sp;sn]
lsd=[true true true true false false false false false] %label
Y = nominal(lsd)
```

```
figure(1);
subplot(1,2,1)
plot(sp(1:nsp,1),sp(1:nsp,2),'m+');
hold on
plot(sn(1:nsn,1),sn(1:nsn,2),'c*');
subplot(1,2,2)
svmStruct = svmtrain(sd,Y,'showplot',true);
```

（2）非线性分类

```
clear all;
close all
clc;

sp=[3,7; 6,6; 4,6; 5,6.5]    % positive sample points
nsp=size(sp);
sn=[1,2; 3,5; 7,3; 3,4; 6,2.7; 4,3;2,7]    %negative sample points
nsn=size(sn)
sd=[sp;sn]
lsd=[true true true true false false false false false false false]
Y = nominal(lsd)

figure(1);

subplot(1,2,1)
plot(sp(1:nsp,1),sp(1:nsp,2),'m+');
hold on
plot(sn(1:nsn,1),sn(1:nsn,2),'c*');

subplot(1,2,2)
%svmStruct=svmtrain(sd,Y,'Kernel_Function','linear',
'showplot',true);
svmStruct=svmtrain(sd,Y,'Kernel_Function','quadratic',
'showplot',true);

% use the trained svm (svmStruct) to classify the data
RD=svmclassify(svmStruct,sd,'showplot',true)
% RD is the classification result vector
```

（3）高斯分类

```
clear all;
close all
clc;

sp=[5,4.5;3,7; 6,6; 4,6; 5,6.5]    % positive sample points
nsp=size(sp);
sn=[1,2; 3,5; 7,3; 3,4; 6,2.7; 4,3;2,7]    % negative sample points
nsn=size(sn)
sd=[sp;sn]
lsd=[true true true true true false false false false false false
false]
Y = nominal(lsd)

figure(1);
subplot(1,2,1)
plot(sp(1:nsp,1),sp(1:nsp,2),'m+');
hold on
plot(sn(1:nsn,1),sn(1:nsn,2),'c*');
subplot(1,2,2)
svmStruct=svmtrain(sd,Y,'Kernel_Function','rbf','rbf_sigma',0.6,'m
ethod','SMO','showplot',true);
    %svmStruct=svmtrain(sd,Y,'Kernel_Function','quadratic',
'showplot',true);
    %use the trained svm (svmStruct) to classify the data
RD=svmclassify(svmStruct,sd,'showplot',true)
    % RD is the classification result vector
```

（4）对两组图片数据进行分类

```
% SVM 图片数据分类预测
clear all;
clc;
%% dataset 是将 bedroom 和 forest 合并;
%%dataset = [bedroom;forset];这行代码可以实现合并
load dataset.mat   %导入要分类的数据集
load labelset.mat   %导入分类集标签集
% 选定训练集和测试集
```

```
% 将第一类的 1～5, 第二类的 11～15 作为训练集
train_set = [dataset(1:5,:);dataset(11:15,:)];
% 相应的训练集的标签也要分离出来
train_set_labels = [lableset(1:5);lableset(11:15)];
% 将第一类的 6～10, 第二类的 16～20 作为测试集
test_set = [dataset(6:10,:);dataset(16:20,:)];
% 相应的测试集的标签也要分离出来
test_set_labels = [lableset(6:10);lableset(16:20)];
% 数据预处理, 将训练集和测试集归一化到[0,1]区间
[mtrain,ntrain] = size(train_set);
[mtest,ntest] = size(test_set);
test_dataset = [train_set;test_set];
% mapminmax 为 MATLAB 自带的归一化函数
[dataset_scale,ps] = mapminmax(test_dataset',0,1);
dataset_scale = dataset_scale';
train_set = dataset_scale(1:mtrain,:);
test_set = dataset_scale( (mtrain+1):(mtrain+mtest),: );
%% SVM 网络训练
model = svmtrain(train_set_labels, train_set, '-s 2 -c 1 -g 0.07');
%% SVM 网络预测
[predict_label] = svmpredict(test_set_labels, test_set, model);
%% 结果
figure;
hold on;
plot(test_set_labels,'o');
plot(predict_label,'r*');
xlabel('测试集样本','FontSize',12);
ylabel('类别标签','FontSize',12);
legend('实际测试集分类','预测测试集分类');
title('测试集的实际分类和预测分类图','FontSize',12);
grid on;
```

4. 实验结果与分析

①线性分类结果如图 3-28 所示。

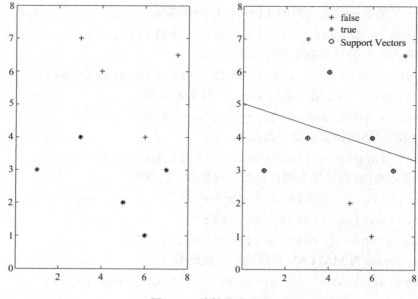

图 3-28　线性分类结果

分类准确率：100%。

②非线性分类结果如图 3-29 所示。

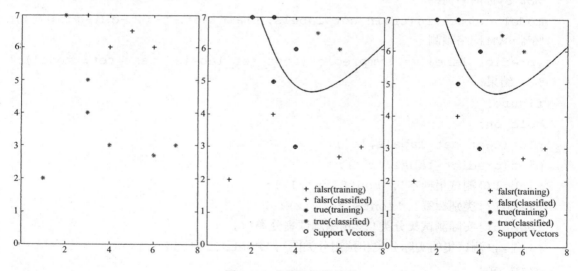

图 3-29　非线性分类结果

分类准确率：100%。

③高斯分类结果如图 3-30 所示。

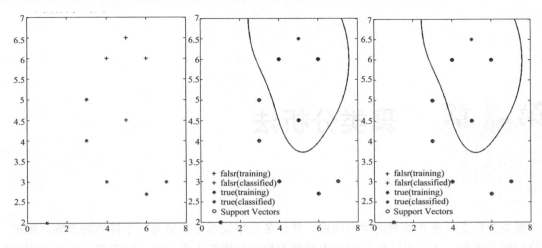

图 3-30　高斯分类结果

分类准确率：100%。

④图片数据分类结果如图 3-31 所示。

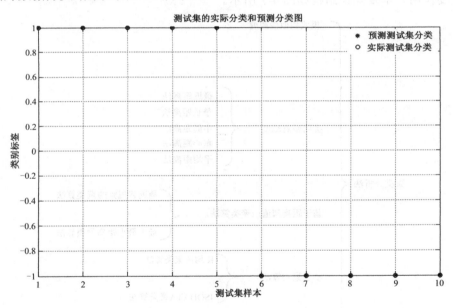

图 3-31　图片数据分类结果

程序运行结果：

```
optimization finished, #iter = 5
nu = 0.643949
obj = -4.304693, rho = -0.008725
nSV = 8, nBSV = 6
Total nSV = 8
Accuracy = 100% (10/10) (classification)-
```

第4章 聚类分析法

聚类分析是一种非监督的学习问题，其任务是事先非不知道每一个样本的类别，根据一定的相似度准则，通过算法把样本集中的样本自动分成若干个类别。聚类算法主要应用于图像识别、语音识别、字符识别等领域，同时在数据挖掘（多关系数据挖掘）、时空数据库应用（GIS 等）、序列和异类数据分析、计算机生物学、商业金融数据处理、市场营销等研究中也都有重要作用。本章知识结构如图 4-1 所示。

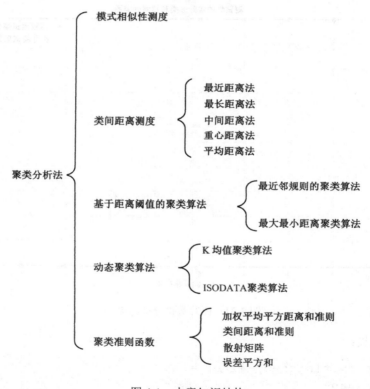

图 4-1　本章知识结构

4.1　知识要点

1. 模式相似性测度

聚类算法把特征相似性的样本聚集为一个类别，在特征空间里占据着一个局部区域。每个局部区域都形成一个聚类中心，聚类中心代表相应类别。

2. 距离测度

设已知3个样本，分别为：$X_i = (x_{i1}, x_{i2}, \cdots, x_{in})^{\mathrm{T}}$，$X_j = (x_{j1}, x_{j2}, \cdots, x_{jn})^{\mathrm{T}}$ 和 $X_k = (x_{k1}, x_{k2}, \cdots, x_{kn})^{\mathrm{T}}$。其中，$n$ 为特征空间的维数，矢量 X_i 和 X_j 的距离以及 X_i 和 X_k 的距离分别记为 $d(X_i, X_j)$ 和 $d(X_i, X_k)$，对任意两矢量的距离定义应满足下面的公理：

① $d(X_i, X_j) \geqslant 0$，当且仅当 $X_i = X_j$ 时，等号成立；

② $d(X_i, X_j) = d(X_j, X_i)$；

③ $d(X_i, X_j) \leqslant d(X_j, X_k) + d(X_i, X_k)$。

（1）欧氏距离

$$d_e(X_i, X_j) = \| X_i - X_j \| = \sqrt{\sum_{k=1}^{n} | x_{ik} - x_{jk} |^2} \tag{4.1}$$

根据 $d_e(X_1, X_2)$ 的定义，通过选择合适的门限 d_s，可以判决 X_1 和 X_2 是否为同一类别。当 $d_e(X_1, X_2)$ 小于门限 d_s 时，表示 X_1 和 X_2 属于同一类别，反之，则属于不同类别。这里门限 d_s 的选取非常关键，若 d_s 选择过大，则全部样本被归为同一类别；若 d_s 选取过小，则可能造成每个样本都单独构成一个类别。

（2）绝对值距离（街坊距离或 Manhattan 距离）

$$d(X_i, X_j) = \sum_{k=1}^{n} | x_{ik} - x_{jk} | \qquad k = 1, 2, \cdots, n \tag{4.2}$$

（3）切氏（Chebyshev）距离

$$d(X_i, X_j) = \max_k | x_{ik} - x_{jk} | \qquad k = 1, 2, \cdots, n \tag{4.3}$$

（4）明氏（Minkowski）距离

$$d_\lambda(X_i, X_j) = \left[\sum_{k=1}^{n} | x_{ik} - x_{jk} |^\lambda \right]^{\frac{1}{\lambda}}, \quad \lambda > 0 \quad k = 1, 2, \cdots, n \tag{4.4}$$

它是若干距离函数的通式：$\lambda = 2$ 时，等于欧氏距离；$\lambda = 1$ 时，称为"街坊"（city block）距离。

（5）马氏（Mahalanobis）距离

设 n 维矢量 X_i 和 X_j 是矢量集 $\{X_1, X_2, \cdots, X_N\}$ 中的两个矢量，它们的马氏距离定义为

$$d^2(X_i, X_j) = (X_i - X_j)^{\mathrm{T}} \sum{}^{-1} (X_i - X_j) \tag{4.5}$$

式中：$\sum = \dfrac{1}{N-1} \sum_{i=1}^{N} (X_i - \mu)(X_i - \mu)^{\mathrm{T}}$，$\mu = \dfrac{1}{N} \sum_{i=1}^{N} X_i$

（6）Camberra 距离（Lance 距离、Willims 距离）

$$d(X_i, X_j) = \sum_{k=1}^{n} \frac{|x_{ik} - x_{jk}|}{|x_{ik} + x_{jk}|}, \quad (x_{ik}, x_{jk} \geq 0, \ x_{ik} + x_{jk} \neq 0) \tag{4.6}$$

该距离能克服量纲引起的问题，但不能克服分量间的相关性。

3. 相似测度

与距离测度不同，相似测度考虑两矢量的方向是否相近，矢量长度并不重要。两样本点在特征空间的方向越接近，则两样点划归为同一类别的可能性越大。下面给出相似测度的几种定义。

（1）角度相似系数（夹角余弦）

样本 X_i 与 X_j 之间的角度相似性度量定义为它们之间夹角的余弦，也是单位向量之间的点积（内积）即：

$$S(X_i, X_j) = \cos\theta = \frac{X_i^T X_j}{\| X_i \| \cdot \| X_j \|} \tag{4.7}$$

$|S(X_i, X_j)| \leq 1$，$S(X_i, X_j)$ 越大，X_i 与 X_j 越相似，当 $X_i = X_j$ 时，$S(X_i, X_j)$ 达到最大值。

（2）相关系数

相关系数实际上是数据中心化后的矢量夹角余弦。

$$r(X, Y) = \frac{(X - \mu_X)^T (Y - \mu_Y)}{[(X - \mu_X)^T (X - \mu_X)(Y - \mu_Y)^T (Y - \mu_Y)]^{1/2}} \tag{4.8}$$

其中，$X = (x_1, x_2, \cdots, x_n)$，$Y = (y_1, y_2, \cdots, y_n)$ 分别为两个数据集的样本，μ_X 和 μ_Y 分别是这两个数据集的平均矢量。相关系数对于坐标系的平移、旋转和尺度缩放具有不变性。

（3）指数相似系数

已知样本 $X_i = (x_{i1}, x_{i2}, \cdots, x_{in})$、$X_j = (x_{j1}, x_{j2}, \cdots, x_{jn})$，其指数相似系数定义为

$$e(X_i, X_j) = \frac{1}{n} \sum_{k=1}^{n} \exp[-\frac{3(x_{ik} - x_{jk})^2}{4\sigma_k}] \tag{4.9}$$

式中，σ_k^2 为相应分量的协方差，n 为矢量维数。

4. 匹配测度

当 X_i 与 X_j 的各特征为（0,1）二元取值时，称之为二值特征。对于给定的二值特征矢量 $X_i = (x_{i1}, x_{i2}, \cdots, x_{in})$ 和 $X_j = (X_{j1}, X_{j2}, \cdots, X_{jn})$，根据它们两个相应分量 x_{ik} 与 x_{jk} 的取值，可定义如下四种匹配关系：若 $x_{ik} = 1$ 和 $x_{jk} = 1$，则称 x_{ik} 与 x_{jk} 是（1-1）匹配；若 $x_{ik} = 1$ 和 $x_{jk} = 0$，则称 x_{ik} 与 x_{jk} 是（1-0）匹配；若 $x_{ik} = 0$ 和 $x_{jk} = 1$，则称 x_{ik} 与 x_{jk} 是（0-1）匹配；若 $x_{ik} = 0$ 和 $x_{jk} = 0$，则称 x_{ik} 与 x_{jk} 是（0-0）匹配。令

$$a = \sum_i x_i y_i, \quad b = \sum_i y_i(1 - x_i), \quad c = \sum_i x_i(1 - y_i), \quad e = \sum_i (1 - x_i)(1 - y_i)$$

则 a，b，c，e 分别表示 X_i 与 X_j 的（1-1）、（0-1）、（1-0）和（0-0）的匹配特征数目。对于二值 n 维特征矢量可定义如下相似性测度：

（1）Tanimoto 测度

$$S_t(\boldsymbol{X}_i, \boldsymbol{X}_j) = \frac{a}{a+b+c} = \frac{\boldsymbol{X}_i^{\mathrm{T}}\boldsymbol{X}_j}{\boldsymbol{X}_i^{\mathrm{T}}\boldsymbol{X}_i + \boldsymbol{X}_j^{\mathrm{T}}\boldsymbol{X}_j - \boldsymbol{X}_i^{\mathrm{T}}\boldsymbol{X}_j} \tag{4.10}$$

（2）Rao 测度

$$S_r(\boldsymbol{X}, \boldsymbol{Y}) = \frac{a}{a+b+c+e} = \frac{\boldsymbol{X}_i^{\mathrm{T}}\boldsymbol{X}_j}{n} \tag{4.11}$$

（3）简单匹配系数

$$m(\boldsymbol{X}_i, \boldsymbol{X}_j) = \frac{a+e}{n} \tag{4.12}$$

（4）Dice 系数

$$m(\boldsymbol{X}_i, \boldsymbol{X}_j) = \frac{a}{2a+b+c} = \frac{\boldsymbol{X}_i^{\mathrm{T}}\boldsymbol{X}_j}{\boldsymbol{X}_i^{\mathrm{T}}\boldsymbol{X}_i + \boldsymbol{X}_j^{\mathrm{T}}\boldsymbol{X}_j} \tag{4.13}$$

（5）Kulzinsky 系数

$$m(\boldsymbol{X}_i, \boldsymbol{X}_j) = \frac{a}{b+c} = \frac{\boldsymbol{X}_i^{\mathrm{T}}\boldsymbol{X}_j}{\boldsymbol{X}_i^{\mathrm{T}}\boldsymbol{X}_i + \boldsymbol{X}_j^{\mathrm{T}}\boldsymbol{X}_j - 2\boldsymbol{X}_i^{\mathrm{T}}\boldsymbol{X}_j} \tag{4.14}$$

5．类间距离测度方法

在有些聚类算法中要用到类间距离，下面给出一些类间距离定义方式。

（1）最近距离法

如 H、K 是两个聚类，则两类间的最短距离定义为

$$D_{HK} = \min\{D(\boldsymbol{X}_H, \boldsymbol{X}_K)\} \quad \boldsymbol{X}_H \in H, \boldsymbol{X}_K \in K$$

式中，$D(\boldsymbol{X}_H, \boldsymbol{X}_K)$ 表示 H 类中的某个样本 $\boldsymbol{X}_H$ 和 K 类中的某个样本 $\boldsymbol{X}_K$ 之间的欧氏距离；D_{HK} 表示 H 类中所有样本与 K 类中所有样本之间的最小距离。如图 4-2（a）所示。

图 4-2　最短距离法图示

如果 K 类由 I 和 J 两类合并而成，如图 4-2（b）所示，则得到递推公式

$$D_{HK} = \min\{D_{HI}, D_{HJ}\} \tag{4.15}$$

（2）最长距离法

与最短距离法类似，两个聚类 H 和 K 之间的最长距离定义为

$$D_{HK} = \max\{D(\boldsymbol{X}_H, \boldsymbol{X}_K)\} \quad \boldsymbol{X}_H \in H, \boldsymbol{X}_K \in K \tag{4.16}$$

若 K 类由 I 和 J 两类合并而成，则得到递推公式

$$D_{HK} = \max\left\{D_{HI}, D_{HJ}\right\} \tag{4.17}$$

（3）中间距离法

中间距离法介于最长与最短的距离之间。若 K 类由 I 和 J 两类合并而成，则 H 和 K 类之间的距离为

$$D_{HK} = \sqrt{\frac{1}{2}D_{HI}^2 + \frac{1}{2}D_{HJ}^2 - \frac{1}{4}D_{IJ}^2} \tag{4.18}$$

（4）重心距离法

将每类中包含的样本数考虑进去。若 I 类中有 n_I 个样本，J 类中有 n_J 个样本，则类与类之间的距离递推式为

$$D_{HK} = \sqrt{\frac{n_I}{n_I + n_J}D_{HI}^2 + \frac{n_J}{n_I + n_J}D_{HJ}^2 - \frac{n_I n_J}{(n_I + n_J)^2}D_{IJ}^2} \tag{4.19}$$

（5）最近平均距离法（类平均距离法）

设 H、K 是两个聚类，则 H 类和 K 类间的距离定义为

$$D_{HK} = \sqrt{\frac{1}{n_H n_K}\sum_{\substack{i \in H \\ j \in K}} d_{ij}^2} \tag{4.20}$$

式中，d_{ij}^2 是 H 类任一样本 X_H 和 K 类任一样本 X_K 之间的欧氏距离平方；n_K 和 n_H 分别表示 H 和 K 类中的样本数目。如果 K 类由 I 类和 J 类合并产生，则可以得到 H 和 K 类之间距离的递推公式为

$$D_{HK} = \sqrt{\frac{n_I}{n_I + n_J}D_{HI}^2 + \frac{n_J}{n_I + n_J}D_{HJ}^2} \tag{4.21}$$

4.2　实验指导

 ## 4.2.1　距离测度

1．实验内容

①了解距离作为模式相似度度量的基本方法。

②了解几种常用的距离度量方法。

③认识不同距离度量的特点，并选用几种距离进行分类测试。

2．实验原理

（1）常用距离度量

在设计分类器时，一种直观上易于理解的方法是利用样本之间的相似性来进行。即相似性大的样本尽可能分为同一类，不同类别的样本之间的相似性尽可能小，而最为简单同时也是最为直接的方法是利用两个模式在特征空间中的距离作为两者之间的相似性度量，也即距

离越近的样本越相似，越应该分为一类。距离度量法在模式识别中非常常用，不同的距离度量具有不同的特点，具体实践中应根据具体情况来选用相应的距离函数，常用的距离度量有欧氏距离、街区距离、明可夫斯基距离（minkowski）、马氏距离（Maharanobis）、汉明距离、夹角余弦、相关系数等。

（2）Matlab 相关函数

Matlab 里面用于计算各种距离的函数为 pdist（X，methord，p），该函数能够根据 methord 的取值不同来生成不同的距离，如当 methord 分别取'euclidean'、'minkowski'和'mahalanobis' 时，可以生成欧式距离、明可夫斯基距离及马氏距离。

其调用格式为：D = pdist（X，methord,p），X 为样本矩阵，其每一行代表一个样本，列方向表示不同分量；methord 表示使用哪种方法计算距离，可以选择'euclidean'、'minkowski'、'mahalanobis'、'cityblock'等各种距离计算方法；输出 D 为 $m（m-1）/2$ 维的行向量，其元素为样本矩阵 D 中任意两行样本之间距离，且按照（2,1），（3,1），…，（m,1），（3,2），…，（m,2），…，（m,m-1））的顺序排序，即 D（1）表示 X 中第 1 行和第 2 行的距离，以此类推。P 为可选参数。

同时，为了便于查看生成的距离，可以通过 squareform 函数将 pdist 函数的输出变为对称的方阵。

3．实验步骤及代码

（1）通过 pdist 函数来体会各种距离的计算。

① 欧氏距离计算

```
M=[1 2 3;1 1 2;2 1 1]%样本矩阵，共 3 个样本
Y = pdist（M,'euclidean'）; %生成欧氏距离向量
dis=squareform（Y）%将向量 Y 变为对称矩阵
```

计算结果：

0	1.4142	2.4495
1.4142	0	1.4142
2.4495	1.4142	0

② 明可夫斯基距离计算

```
M=[1 2 3;1 1 2;2 1 1] %样本矩阵，共 3 个样本
Y = pdist（M,'minkowski',3）; %生成明氏距离向量
dis=squareform（Y）%将向量 Y 变为对称矩阵
```

计算结果：

0	1.2599	2.1544
1.2599	0	1.2599
2.1544	1.2599	0

③ 马氏距离计算（要求总体样本数大于样本的维数）

```
M=[1 2; 1 3; 2 2; 3 1]
Y = pdist（M,'mahalanobis'）; %生成距离向量
dis=squareform（Y）%将向量 Y 变为对称矩阵
```

计算结果：

0	2.3452	2.0000	2.3452
2.345	0	1.2247	2.4495
2.0000	1.2247	0	1.2247
2.3452	2.4495	1.2247	0

④ 街区距离计算

```
M=[1 2; 1 3; 2 2]
Y = pdist（M,'cityblock'）; %生成距离向量
dis=squareform（Y）%将向量 Y 变为对称矩阵
```

计算结果：

0	1	1
1	0	2
1	2	0

（2）通过聚类算法来了解不同距离测度的区别

聚类算法采用 Matlab 自带的 pdist、linkage 及 cluster 等方法来实现，通过改变 pdist 的距离参数，来测试在不同距离测度下聚类效果的好坏。

```
y=[-1 3;0.9 4;1 2;2.1 2.1;2 1;2.4 1.4;1.5 3;11 1;11 2;11 2.5;12
4;11.5 4.5;10.7 5;-1 2;-2 4;0 2;0 1;2 5;12 3;11 4;13 7;14 5;11 2;11
3;13 2;9 3;9 2;8 8;9 2;7 12;10 5;9 7;8 5;0 7;1 8];
    gs=2; %最大类别数（期望类别数）
    types={'ro','b*','rx','mo','k+'}
    subplot（2,2,1）;
    plot（y（:,1）,y（:,2）,'r*','MarkerSize',8）;
    grid on;axis（[0 20 0 5]）;
    title（'原始样本分布'）
    y1=pdist（y,'euclidean'）; %计算样本之间的距离，为后续聚类做好准备
    z=linkage（y1,'single'）; %根据距离向量来创建聚类树，创建树结构时，可以
指定相应的方法，如 single（最短距离法）,averge（类平均法）
    subplot（2,2,2）;
    dendrogram（z）%显示聚类树
    title（'聚类树'）
```

```
    subplot (2,2,3);
    t2=cluster (z,'maxclust',gs)%gs 设置最大分为多少类，应于期望类别数一致
      for k=1:gs
          temp1=find (t2==k)%找出第 k 类的所有数据
          groupx=y (temp1,:)
          plot (groupx (:,1),groupx (:,2),types{mod
(k,5)},'MarkerSize',8);
          %显示出来第 k 类的所有数据（用不同的样式）
          hold on; end
    grid on;axis ([0 20 0 5]);
      title ('聚类后分布（距离准则）')
```

4．实验结果与分析

　　从图 4-3～图 4-7 可看出，在进行聚类分析的过程中，选用的距离度量不同，聚类结果的好坏也不同。其中，欧氏距离和街区距离在上述样本的聚类中效果较好，而马氏距离、夹角余弦的效果则非常不好，甚至无法正确聚类。产生上述现象是因为不同的距离度量特性不同，适用于不同的样本，只有选择了合适的距离，才能有好的效果。因此，在实践中，距离度量的选择也有很大的学问，需要视具体情况而定。

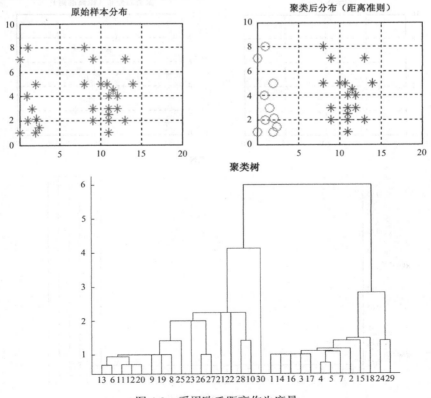

图 4-3　采用欧氏距离作为度量

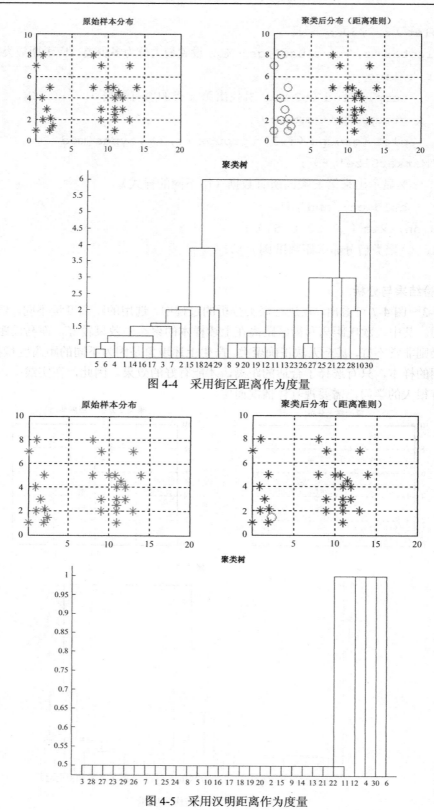

图 4-4　采用街区距离作为度量

图 4-5　采用汉明距离作为度量

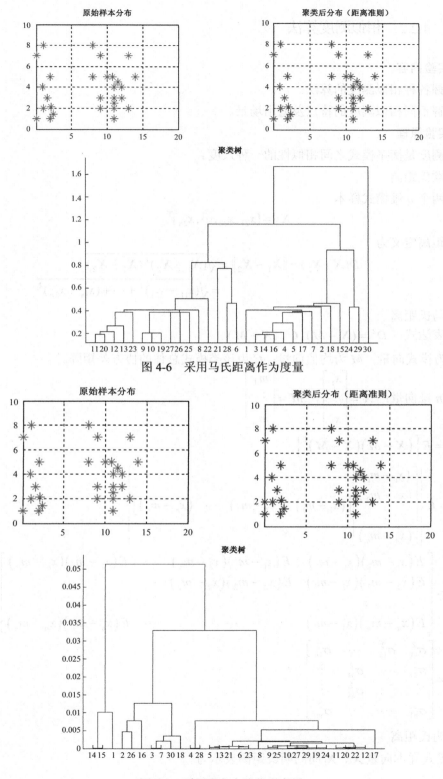

图 4-6 采用马氏距离作为度量

图 4-7 采用夹角余弦作为度量

4.2.2 相似测度算法

1. 实验内容

①掌握各种相似测度的算法。

②了解不同相似测度的特点及适用场景。

2. 实验原理

相似测度是衡量模式之间相似性的一种尺度。

（1）欧氏距离

设为两个 n 维模式样本

$$X_2 = [x_{21}, x_{22}, \cdots, x_{2n}]^T$$

欧氏距离定义为

$$D(X_1, X_2) = \|X_1 - X_2\| = \sqrt{(X_1 - X_2)^T (X_1 - X_2)}$$
$$= \sqrt{(x_{11} - x_{21})^2 + \cdots + (x_{1n} - x_{2n})^2}$$

（2）马氏距离

平方表达式：$D^2 = (X - M)^T C^{-1} (X - M)$

式中，X 为模式向量；M 为均值向量；C 为该类模式总体的协方差矩阵。

对于 n 维向量：$X = \begin{bmatrix} x_1 \\ \vdots \\ x_n \end{bmatrix}$, $M = \begin{bmatrix} m_1 \\ \vdots \\ m_n \end{bmatrix}$

$$C = E\left\{ (X - M)(X - M)^T \right\}$$
$$= E\left\{ \begin{bmatrix} (x_1 - m_1) \\ (x_2 - m_2) \\ \vdots \\ (x_n - m_n) \end{bmatrix} \begin{bmatrix} (x_1 - m_1) & (x_2 - m_2) & \cdots & (x_n - m_n) \end{bmatrix} \right\}$$
$$= \begin{bmatrix} E(x_1 - m_1)(x_1 - m_1) & E(x_1 - m_1)(x_2 - m_2) & \cdots & E(x_1 - m_1)(x_n - m_n) \\ E(x_2 - m_2)(x_1 - m_1) & E(x_2 - m_2)(x_2 - m_2) & \cdots & \cdots \\ \vdots & \vdots & \ddots & \vdots \\ E(x_n - m_n)(x_1 - m_1) & \cdots & \cdots & E(x_n - m_n)(x_n - m_n) \end{bmatrix}$$
$$= \begin{bmatrix} \sigma_{11}^2 & \sigma_{12}^2 & \cdots & \sigma_{1n}^2 \\ \sigma_{21}^2 & \cdots & \sigma_{jk}^2 & \vdots \\ \vdots & \ddots & \sigma_{kk}^2 & \vdots \\ \sigma_{n1}^2 & \cdots & \cdots & \sigma_{nn}^2 \end{bmatrix}$$

（3）明氏距离

n 维模式样本向量 X_i、X_j 间的明氏距离表示为

$$D_m(\boldsymbol{X}_i, \boldsymbol{X}_j) = \left[\sum_{k=1}^{n}\left|x_{ik} - x_{jk}\right|^m\right]^{1/m}$$

式中，x_{ik}、x_{jk} 分别表示 $\boldsymbol{X}_i$ 和 $\boldsymbol{X}_j$ 的第 k 个分量。

当 $m = 1$ 时：

$$D_1(\boldsymbol{X}_i, \boldsymbol{X}_j) = \sum_{k=1}^{n}\left|x_{ik} - x_{jk}\right|$$

称为"街坊"距离（"City block"distance）。

当 $m = \infty$ 时：

$$\text{dist}(X,Y) = \lim_{p\to\infty}(\sum_{i=1}^{n}|\boldsymbol{x}_i - \boldsymbol{y}_i|^p)^{1/p} = \max|\boldsymbol{x}_i - \boldsymbol{y}_i|$$

称为切比雪夫距离：

（4）汉明（Hamming）距离。

设 $\boldsymbol{X}_i$、$\boldsymbol{X}_j$ 为 n 维二值（1 或-1）模式样本向量，则

$$D_h(\boldsymbol{X}_i, \boldsymbol{X}_j) = \frac{1}{2}\left(n - \sum_{k=1}^{n}x_{ik}x_{jk}\right)$$

式中，x_{ik}、x_{jk} 分别表示 $\boldsymbol{X}_i$ 和 $\boldsymbol{X}_j$ 的第 k 个分量。

（5）角度相似性函数

$$S(\boldsymbol{X}_i, \boldsymbol{X}_j) = \frac{\boldsymbol{X}_i^{\mathrm{T}}\boldsymbol{X}_j}{\|\boldsymbol{X}_i\|\cdot\|\boldsymbol{X}_j\|}$$

它是模式向量 $\boldsymbol{X}_i$，$\boldsymbol{X}_j$ 之间夹角的余弦。

（6）Tanimoto 测度

它应用于 0,1 二值特征的情况：

$$S(\boldsymbol{X}_i, \boldsymbol{X}_j) = \frac{\boldsymbol{X}_i^{\mathrm{T}}\boldsymbol{X}_j}{\boldsymbol{X}_i^{\mathrm{T}}\boldsymbol{X}_i + \boldsymbol{X}_j^{\mathrm{T}}\boldsymbol{X}_j - \boldsymbol{X}_i^{\mathrm{T}}\boldsymbol{X}_j}$$

$$= \frac{\boldsymbol{X}_i, \boldsymbol{X}_j \text{中共有的特征数目}}{\boldsymbol{X}_i \text{和} \boldsymbol{X}_j \text{中占有的特征数目的总数}}$$

（7）Pearson 相关系数

Pearson 是相关分析中的相关系数 r，分别对 X 和 Y 基于自身总体标准化后计算空间向量的余弦夹角。公式如下：

$$r(X,Y) = \frac{n\sum xy - \sum x\sum y}{\sqrt{n\sum x^2 - (\sum x)^2}\cdot\sqrt{n\sum y^2 - (\sum y)^2}}$$

3. 实验方法及程序

```
function [distance] = Euclid(X1, X2)
%函数名称：Euclid
%功能：计算欧氏距离
```

```
%输入：模式向量 X1, X2
%输出：欧氏距离 distance
    distance = sqrt((X1 - X2)'*(X1 - X2));
end


function [ distance ] = Minkowaki ( Xi, Xj, m )
%函数名称：Minkowaki
%功能：计算明氏距离
%输入：模式向量 Xi, Xj , 参数 m
%输出：明氏距离 distance
    syms k;     %定义变量 k
    y = (sum((abs(Xi - Xj)).^k)).^(1/k);
    distance = double(limit(y, k, m));   %求 k 趋近于 m 时的极限
end


function [ distance ] = Hamming(Xi, Xj)
%函数名称：Hamming
%功能：计算汉明距离
%输入：二值模式向量 Xi, Xj
%输出：汉明距离 distance
    distance = 0.5 * (size(Xi, 1) - sum(Xi.*Xj));
end


function [distance] = Maharanobis(X1, group)
%函数名称：Maharanobis
%函数功能：计算马氏距离
%输入：模式向量 X1
%        总体 group
%输出：马氏距离 distance
    M = mean(group, 2); %计算模式的均值向量
    C = cov(group'); %计算协方差矩阵
    distance = sqrt((X1 - M)'* C^(-1) * (X1 - M));
end


function [y] = Tanimoto( Xi, Xj )
```

```
%函数名：Tanimoto
%功能：计算 0,1 二值模式向量的 Tonimoto 测度
%输入：0,1 二值模式向量 Xi，Xj
%输出：Tanimoto 测度
    y = Xi'*Xj/(Xi'*Xi + Xj'*Xj - Xi'*Xj);
end


function [y] = Pearson(Xi, Xj)
%函数名称：Pearson
%功能：计算 Pearson 相关系数
%输入：模式向量 Xi，Xj
%输出：Pearson 相关系数 y
    n = size(Xi,1);
    y = (n * Xi' * Xj - sum(Xi) * sum(Xj))/( sqrt(n * sum(Xi.^2) -
sum(Xi)^2)* sqrt(n * sum(Xj.^2) - sum(Xj)^2));
end


function [ y ] = cosS(Xi, Xj)
%函数名称：cosS
%功能：计算模式向量的余弦测度
%输入：模式向量 Xi，Xj
%输出：余弦测度 y
    y = Xi'*Xj/(norm(Xi)*norm(Xj));
end


clc;
clear all;
X = round(100*rand(5,100));%生成 100 个 5 维模式向量, 各分量的值在 0-100
之间
    X1 = X(:,1 + round(99 * rand()));
    X2 = X(:,1 + round(99 * rand()));%随机抽取 2 个模式向量
    disp(['X1:(', num2str(X1'), ')T']); %显示生成的模式向量
    disp(['X2:(', num2str(X2'), ')T']);
```

```matlab
EuclidDistance = Euclid(X1, X2); %计算欧氏距离
disp(['欧氏距离:', num2str(EuclidDistance)]);
MaharanobisDistance1 = Maharanobis(X1, X); %计算 X1 与模式类 X 的马氏
距离
disp(['马式距离 1:', num2str(MaharanobisDistance1)]);
MaharanobisDistance2 = Maharanobis(X2, X); %计算 X2 与模式类 X 的马氏
距离
disp(['马式距离 2:', num2str(MaharanobisDistance2)]);
BlockDistance = Minkowaki(X1, X2, 1); %计算 X1 与 X2 的街区距离
disp(['街区距离:', num2str(BlockDistance)]);
EuclidDistanceByMinkowaki = Minkowaki(X1, X2, 2); %通过明氏距离计
算欧氏距离
disp(['明氏距离计算欧氏距离:', num2str(EuclidDistanceByMinkowaki)]);
ChebyshevDistance = Minkowaki(X1, X2, inf); %计算切比雪夫距离
disp(['切比雪夫距离:', num2str(ChebyshevDistance)]);
cosSValue = cosS(X1, X2); %计算 X1 与 X2 的余弦相似度
disp(['余弦相似度:', num2str(cosSValue)]);
PearsonValue = Pearson(X1, X2); %计算 X1 与 X2 的 Pearson 相似度
disp(['Pearson 相似度:', num2str(PearsonValue)]);
Yi = randi([0,1],[5,1]);
Yj = randi([0,1],[5,1]); %生成 0, 1 二值的随机 5 维序列 Yi, Yj
disp(['Yi:(', num2str(Yi'), ')T']);
disp(['Yj:(', num2str(Yj'), ')T']);
TanimotoDistance = Tanimoto(Yi, Yj);
disp(['Tanimoto 距离:', num2str(TanimotoDistance)]);
Zi = rand(5, 1);
Zi(Zi>0.5) = 1;
Zi(Zi<=0.5) = -1;
Zj = rand(5, 1);
Zj(Zj>0.5) = 1;
Zj(Zj<=0.5) = -1; %生成-1,1 二值的随机 5 维序列 Zi, Zj
disp(['Zi:(', num2str(Zi'), ')T']);
disp(['Zj:(', num2str(Zj'), ')T']);
HammingDistance = Hamming(Zi, Zj);
disp(['汉明距离:', num2str(HammingDistance)]);
```

在特定的场景中，还有不同的距离测度方法，以下是参考文献[1]提出的一种距离测度方式。实验程序如下：

```
clc;
clear all;
cluster1 = [6,3;6,5;7,4;7,6;8,5;8,7;9,6;9,7;10,6]; %类别1
cluster2 = [1,2;1,3;2,1;2,3;2,4;3,0;3,2;4,0;4,1]; %类别2
center1 = mean(cluster1); %类别1中心点
center2 = mean(cluster2); %类别2中心点
y = [5,3]; %分类点
figure
plot(cluster1(:,1), cluster1(:,2),'bo');
grid on
axis([0 10 0 10])
hold on
plot(cluster2(:,1), cluster2(:,2),'go');
plot(y(1), y(2),'r+');
plot(center1(1),center1(2),'*m');
plot(center2(1),center2(2),'*y');
legend('类别1','类别2','待分类点','中心点1','中心点2');
hold off
d1 = Euclid(y',center1');
d2 = Euclid(y',center2');
disp(['y与类别1的中心距离',num2str(d1)]); %直接计算欧氏距离
disp(['y与类别2的中心距离',num2str(d2)]);
[row, conlum] = size(cluster1);
d = zeros(row,1); %使用参考文献中的方法计算距离
for i = 1:row
    d(i) = Euclid(y',cluster1(i,:)');
end
[out1, pos1] = sort(d);
for i = 1:row
    d(i) = Euclid(y',cluster2(i,:)');
end
[out2, pos2] = sort(d);
point1_1 = cluster1(pos1(1),:); %选取离待测点最近的点
```

```
point1_2 = cluster1(pos1(2),:);
point2_1 = cluster2(pos2(1),:);
point2_2 = cluster2(pos2(2),:);

point1 = point1_2 - point1_1; %正交化求投影
y1 = y - point1_1;
y1_s = y1 * point1' / (point1 * point1') * point1;
d1_s = Euclid(y1',y1_s');

point2 = point2_2 - point2_1;
y2 = y - point2_1;
y2_s = y2 * point2' / (point2 * point2') * point2;
d2_s = Euclid(y2',y2_s');

disp(['y与类别1的距离',num2str(d1_s)]);
disp(['y与类别2的距离',num2str(d2_s)]);
```

4．实验结果与分析

针对常用的相似性测度，实验结果如图 4-8 所示。

```
命令行窗口
X1:(53   63   68   92   15)I
X2:(68   83   11   28   77)I
欧氏距离:108.6922
马氏距离1:1.8267
马氏距离2:2.3848
街区距离:218
明氏距离计算欧氏距离:108.6922
切比雪夫距离:64
余弦相似度:0.69336
皮尔逊相似度:-0.62014
Yi:(0   0   0   1   1)I
Yj:(0   0   1   1   0)I
Tanimoto距离:0.33333
Zi:(-1   1   1   1   1)I
Zj:(-1   1   1   -1   1)I
汉明距离:1
```

图 4-8　相似性测度

最后一个程序的运行结果如图 4-9 所示。

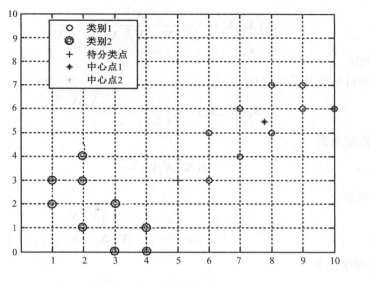

图 4-9 实验结果

该实验中，○点代表一个模式类别，◎的点代表另一个模式类别，＋的十字点表示待分类的样本，直观上来看，＋点属于○类别的可能性更大，但是如果采用类中心的欧氏距离来度量相似性，计算结果为：

y与类别1的中心距离3.7002

y与类别2的中心距离2.8328

因此会产生误判，使用文献中的方法，设模式样本的维度为 N，首先以欧氏距离分别为测度，从各个模式类别中选取 N 个离待测样本最近的点，将其中一个点平移到原点，其他的样本点做相同平移，待测样本点同样平移。除原点之外的 $N-1$ 个点可以构成一个子空间，计算样本点到子空间的距离作为度量，计算结果如下：

y与类别1的距离1

y与类别2的距离2.1213

从计算结果可以看出，该方法可以将样本点正确分类。

 ### 4.2.3 基于匹配测度算法的实现

1．实验目的

根据匹配测度算法，计算 Tanimoto 测度、Rao 测度、简单匹配系数、Dice 系数、Kulzinsky 系数五项相关参数，观察参数数字与样本之间相似度的关系，并对五项参数的差异和特点进行对比与分析，从而对匹配测度算法进行学习。

2．实验原理

匹配测度算法用于计算两个样本间的相似程度，其输入应为 0/1 的匹配特征情况。

（1）Tanimoto 测度

$$S_{\mathrm{T}}(X_i, X_j) = \frac{X_i^{\mathrm{T}} X_j}{X_i^{\mathrm{T}} X_i + X_j^{\mathrm{T}} X_j - X_i^{\mathrm{T}} X_j}$$

（2）Rao 测度

匹配特征数目与特征总数之比

$$S_{\mathrm{R}}(X_i, X_j) = \frac{a}{a+b+c+e} = \frac{X_i^{\mathrm{T}} X_j}{d}$$

（3）简单匹配系数

$$M(X_i, X_j) = \frac{a+e}{d}$$

（4）Dice 系数

$$M_{\mathrm{D}}(X_i, X_j) = \frac{2a}{2a+b+c} = \frac{2X_i^{\mathrm{T}} X_j}{X_i^{\mathrm{T}} X_i + X_j^{\mathrm{T}} X_j}$$

（5）Kulzinsky 系数

$$M_{\mathrm{K}}(X_i, X_j) = \frac{a}{b+c} = \frac{X_i^{\mathrm{T}} y}{X_i^{\mathrm{T}} x + y^{\mathrm{T}} y - 2X_j^{\mathrm{T}} y}$$

上述五项参数为匹配测度算法的具体参数，该五项参数均可表现两类之间的相似程度，其计算结果在数值上越大，说明两类之间越相似。

3．实验步骤

①分别计算两组纯数学样本的五项测度参数，并加以分析。

②分别计算两组带有实际意义的样本的五项测度参数。

③根据 20 张样本图片，分别计算其五项测度参数，再根据该参数进行分类。

4．实验代码与结果

```
clc
clear all;
addpath('../picture')
% 匹配测度算法的实现
% wh 2016/11/3


%%% 样本
% 1.纯数学测试样本
% x1 = [
%    0,1,0,1,1,0
%    1,1,1,1,1,1
%    0,0,1,1,1,1
%    0,0,1,1,1,1
%    ]';
% x2 = [
```

```
%        0,0,1,1,1,0
%        0,0,1,1,1,1
%        0,0,1,1,1,1
%        1,1,0,0,0,0
%        ]';
% % 2.黑白 2 值图像 灰度图 彩色图 样本
% % 判断分别为 有黑 有白 有灰 有彩 无彩
% x1 = [
%        1,1,0,0,1
%        1,1,0,0,1
%        1,1,0,0,1
%        1,1,1,0,1
%        1,1,1,0,1
%        1,1,1,0,1
%        1,1,1,1,0
%        1,1,1,1,0
%        1,1,1,1,0
%        ]';
% x2 = [
%        1,1,0,0,1
%        1,1,1,0,1
%        1,1,1,1,0
%        1,1,0,0,1
%        1,1,1,0,1
%        1,1,1,1,0
%        1,1,0,0,1
%        1,1,1,0,1
%        1,1,1,1,0
%        ]';
%
% a = [1,1,1]
% b = [1,1,1]'
% c = a*b


% 3.图片
% 横向分别为该图的 rgb 的均值
```

```matlab
% 纵向为各张图片
x1 = zeros (100,3);
x2 = zeros (100,3);
p_start = 1;
p_num = 20;
for i =1:1:p_num
    pic = imread ([num2str (i+p_start-1) '.jpg']);
    [ long, high, d] = size (pic);
    if d>1
        r_m = mean (mean (pic (:,:,1)));
        g_m = mean (mean (pic (:,:,2)));
        b_m = mean (mean (pic (:,:,3)));
        m = (r_m + g_m + b_m) /3;
        r = abs (m - r_m) > 1;
        g = abs (m - g_m) > 1;
        b = abs (m - b_m) > 1;
    else
        r = 0;
        g = 0;
        b = 0;
    end
    for j=1:1:p_num
        x1 ((i-1) *p_num+j,:) =[r,g,b];
    end
%       x1 ((((i-1) *10) +1) :i*10,:) =[r,g,b];
    for j=1:1:p_num
        x2 ((i+ (j-1) *p_num),:) =[r,g,b];
    end
end
x1 = x1';
x2 = x2';


% x2 (100,:)



%%
[m,n]=size (x1)
```

```
[ result ] = get_number ( x1,x2 ) ;

%%% 显示数据
result1 = num2cell ( result ) ;
show = cell ( 6, ( n+1) ) ;
show ( :,1) = { ' ',' Tanimoto 测度 ','   Rao 测度   ','简单匹配系数',' Dice 系数   ','Kulzinsky 系数'} ;
% show ( 1,:) = { ' ','黑黑','黑灰','黑彩','灰黑','灰灰','灰彩','彩黑','彩灰','彩彩'} ;
show ( 2:6,2: ( n+1)) = result1 ;
disp ( show )
```

get_number 函数:

```
function [ result ] = get_number ( x1,x2 )


[m,n] = size ( x1 ) ;



s_t = zeros ( 1,n ) ;
s_r = zeros ( 1,n ) ;
m_s = zeros ( 1,n ) ;
m_d = zeros ( 1,n ) ;
m_k = zeros ( 1,n ) ;



for j = 1:1:n
    a = x1 ( :,j) '*x2 ( :,j) ;
    b = x1 ( :,j) '*x1 ( :,j) - x1 ( :,j) '*x2 ( :,j) ;
    c = x2 ( :,j) '*x2 ( :,j) - x1 ( :,j) '*x2 ( :,j) ;
    e = m - x1 ( :,j) '*x1 ( :,j) - x2 ( :,j) '*x2 ( :,j) + x1 ( :,j) '*x2 ( :,j) ;

    s_t ( j) = a/ ( a+b+c) ;
    s_r ( j) = a/ ( a+b+c+e) ;
    m_s ( j) = ( a+e) / ( a+b+c+e) ;
    m_d ( j) = a/ ( 2*a+b+c) ;
    m_k ( j) = a/ ( b+c) ;
end
```

```
result (1,:) = s_t;
result (2,:) = s_r;
result (3,:) = m_s;
result (4,:) = m_d;
result (5,:) = m_k;
end
```

实验结果如图 4-10～图 4-13 所示。

```
对应的Ianimoto测度分别为
0.5
0.66667
1
0
对应的Rao测度分别为
0.33333
0.66667
0.66667
0
对应的简单匹配系数分别为
1
1
1.5
0
对应的Dice系数分别为
0.33333
0.4
0.5
0
对应的Kulzinsky系数分别为
1
2
Inf
0
```

图 4-10　纯数字样本的结果

```
从上至下 样本分别为6个中3个相同
6个中4个相同 6个全部相同 6个全部不相
对应的Ianimoto测度分别为
1
0.75
0.4
0.75
1
0.6
0.4
0.6
1
对应的Rao测度分别为
0.6
0.6
0.4
0.6
0.8
0.6
0.4
0.6
0.8
对应的简单匹配系数分别为
0.55556
0.44444
0.22222
0.44444
0.55556
0.33333
0.22222
0.33333
0.55556
对应的Dice系数分别为
0.5
0.42857
0.28571
0.42857
0.5
0.375
0.28571
0.375
0.5
```

图 4-11　具有实际意义的参数结果

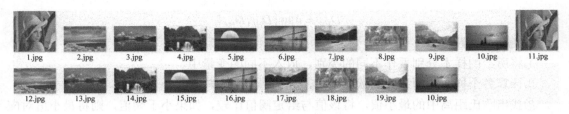

图 4-12　测试样本图

		[]		[]		[]				[]	[]	[]	[]
'Tanimoto测度'	[1]	[1]	[1]	[0.66667]	[1]	[1]	[1]	[1]	[1]	[0.66667]	[0]	[0]	[0]
Rao测度'	[1]	[1]	[1]	[0.66667]	[1]	[1]	[1]	[1]	[1]	[0.66667]	[0]	[0]	[0]
'简单匹配系数'	[1]	[1]	[1]	[0.66667]	[1]	[1]	[1]	[1]	[1]	[0.66667]	[0]	[0]
'Dice系数'	[0.5]	[0.5]	[0.5]	[0.4]	[0.5]	[0.5]	[0.5]	[0.5]	[0.5]	[0.4]	[0]	[0]	[0]
'Kulzinsky系数'	[Inf]	[Inf]	[Inf]	[2]	[Inf]	[Inf]	[Inf]	[Inf]	[Inf]	[2]	[0]	[0]	[0]

图 4-13　样本相似度参数结果

从上述结果中可以看出，五项参数呈现越相似，数字越大的规律，其中 Taninmoto 测度且在 0～1 范围内波动，Kulzinsky 系数在样本完全相同时，在数值上无法计算。同时五项参数在对于样本完全不同的情况，均得到了 0 的计算结果。

上述五项参数均满足理论预期的结果，说明实现了匹配测度算法的分类计算情况。

 ### 4.2.4　基于类间距离测度方法

1．实验内容

本次实验的主要内容是使用 Matlab 软件实现类间距离测度方法。类间距离测度方法共有五种，分别是最短距离法，最长距离法、中间法、重心法和类平均距离法。本次实验选取其中的最短距离法用 Matlab 编程实现。最短距离法的原理如下。

如 H,K 是两个聚类，则两类间的最短距离定义为

$$D_{HK} = \min\{D(\boldsymbol{X}_H, \boldsymbol{X}_K)\}, \boldsymbol{X}_H \in H, \boldsymbol{X}_K \in K$$

式中，$D(\boldsymbol{X}_H, \boldsymbol{X}_K)$ 表示 H 类中的样本 $\boldsymbol{X}_H$ 和 K 类中的样本 $\boldsymbol{X}_K$ 之间的欧氏距离；D_{HK} 表示 H 类中所有样本与 K 类中所有样本之间的最小距离，如图 4-14 所示。

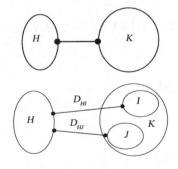

图 4-14　两类间的最小距离

如果 K 类由 I 和 J 两类合并而成，则得到递推公式

$$D_{HK} = \min\{D_{HI}, D_{HJ}\}$$

2．实验步骤

①将所给的样本分别看作不同的类别，放入不同的变量中。

②计算各个样本两两之间的欧氏距离，并构造距离矩阵。

③找出欧氏距离中的最小值，将该值与给定阈值比较，如果小于阈值，则将最小值对应的两个类别合并为一类；如果大于阈值，执行步骤⑤。

④调整距离矩阵，将合并的类别去掉其中一个，继续执行第③步。

⑤输出打印合并的类别，程序结束。

3．实验代码与注释

选取课本的例子，给出 6 个五维模式样本 X_1, X_2, X_3, X_4, X_5 和 X_6。

$$X_1 = [0,3,1,2,0]^T, \quad X_2 = [1,3,0,1,0]^T, \quad X_3 = [3,3,0,0,1]^T,$$

$$X_4 = [1,1,0,2,0]^T, \quad X_5 = [3,2,1,2,1]^T, \quad X_6 = [4,1,1,1,0]^T$$

本次实验对上面的 6 个样本按照最小距离准则进行聚类分析，代码如下：

```
% 给出 6 个五维模式样本
X = [ 0 1 3 1 3 4;
    3 3 3 1 2 1;
    1 0 0 0 1 1;
    2 1 0 2 2 1;
    0 0 1 0 1 0];
 X_label = [1 2 3 4 5 6];   % 给每个类别一个标签
% 将每一类看作单独的一类
for i = 1:6
   G{i} = X (:,i);
end
% 计算各类间欧氏距离
for i = 1:6
   for j = 1:i
       D (i, j) = norm (G{i} - G{j});
   end
end
% 将矩阵中等于 0 的元素赋值 inf
D (D == 0) = inf;
% 设定阈值
T = sqrt (5);

% 将最小距离对应的两类合并为一类
k = 1;
```

```
while k > 0
D_min = min (min (D)) ;
if D_min > T  % 大于阈值时跳出循环
    break
end
[m, n] = find (D == D_min) ;  % 找出最小值对应的两个类别
if length (m)  == 1
    X_label (m) = X_label (n) ;   % 将合并的类别标签统一
    fprintf ('第%d 次聚类, %d 和%d 类合并为一类\n',k,m,n)
    D (m, n) = inf; % 将最小值赋值 inf, 便于下一次寻找最小值
else
    m_len = length (m) ;
    fprintf ('第%d 次聚类\n',k);
    for j = 1:m_len
        if m (j) > n (j)   % 始终将标签小的数值赋值给标签大的数值
            a= find (X_label == X_label (m (j))) ; %保存最初合并的类别
            X_label (m (j)) = X_label (n (j)) ; %将合并的类别标签统一
            for i = 1:length (a) -1
                X_label (a (i+1)) = X_label (a (i)) ;
            end
        else
            a = find (X_label == X_label (n (j))) ;
            X_label (n (j)) = X_label (m (j)) ; % 将合并的类别标签统一
            for i = 1:length (a) -1
                X_label (a (i+1)) = X_label (a (i)) ;
            end
        end
        fprintf ('%d 和%d 类合并为一类\n',m (j) ,n (j))
        D (m (j), n (j)) = inf;% 将最小值赋值 inf, 便于下一次寻找最小值
    end
end


k = k + 1;
end


X_label_t = unique (X_label) ;  % 找出一共有几个类别
s = length (X_label_t) ;
for i = 1 : s
```

```
index{i} = find (X_label == X_label_t (i));
disp ([num2str (index{i}),'为一类'])    % 输出合并的类别
end
```

4. 实验结果与分析

运行结果如下：
```
第 1 次聚类,2 和 1 类合并为一类
第 2 次聚类,6 和 5 类合并为一类
第 3 次聚类,4 和 2 类合并为一类
1   2   4 为一类
3 为一类
5   6 为一类
```

上述结果为 1、2 和 4 为一类，5、6 为一类，3 为一类。结果和课本一致，说明分类结果正确。本实验中如果选定不同的阈值，分类效果会有所不同。如果阈值大于 $\sqrt{6}$ 则所有的样本划分为一类。代码运行结果如下：

```
第 1 次聚类,2 和 1 类合并为一类
第 2 次聚类,6 和 5 类合并为一类
第 3 次聚类,4 和 2 类合并为一类
第 4 次聚类
4 和 1 类合并为一类
3 和 2 类合并为一类
5 和 3 类合并为一类
1   2   3   4   5   6 为一类
```

 ### 4.2.5 聚类函数准则

1. 实验内容

聚类是数据挖掘的重要工具，根据数据间的相似性将数据集分成多个类，每类中数据应尽可能相似。从机器学习的观点来看，类相当于隐藏模式，寻找类是无监督学习过程。目前，聚类分析已成为模式识别的基本组成。

聚类准则函数是表示模式类间相似或差异性的函数，可使聚类分析转化为寻找函数极值的最优化问题。一种常用的指标是误差平方之和，本实验重点研究聚类准则中的此项指标。通过编写实现误差平方之和最小的程序，加深对聚类准则函数的基本思想的认识和理解。

2．实验步骤

①确定聚类准则函数：$J = \sum\limits_{j=1}^{c}\sum\limits_{x \in s}\left\| X - M_j \right\|^2$ 式中，c 为聚类类别的数目，$M_j = N_j\sum\limits_{x \in s} X$ 为属于 S_j 集的样本的均值向量，N_j 为 S_j 中样本数目，j 代表了分属于 c 个聚类类别的全部模式样本与其相应类别模式均值之间的误差平方和。

②确定模式样本的个数，基于以误差平方和为聚类准则函数适用于各类样本密集且数目相差不多，而不同类间的样本又明显分开的特点，拟选取 5 个点组成样本集 $X=\{[1,0]^T, [0,1]^T, [1,1]^T, [2,1]^T, [6,6]^T\}$。

③本实验将这五个样本分为两个类别 ω_1、ω_2，即 $c=2$。所有可能的分类情况为两种，为了简化实验，降低代码的复杂度及减少运行时间，在先验知识预判下，在此只考虑即两类中的样本数分别为 1 个和 4 个的分类情况。

④编写 Matlab 程序，遍历 35 种情况，找到使误差平方和最小的聚类方法，并对实验结果进行分析。

3．实验代码及注释

实验代码如下：

```
X=[0,1;1,0;1,1;2,1;6,6];
% X1单独为一类
m1x=(X(2,1)+X(3,1)+X(4,1)+X(5,1))./4;
m1y=(X(2,2)+X(3,2)+X(4,2)+X(5,2))./4;
J1=((X(2,1)-m1x)^2+(X(2,2)-m1y)^2)+((X(3,1)-m1x)^2+(X(3,2)-m1y)^
2)+((X(4,1)-m1x)^2+(X(4,2)-m1y)^2)+((X(5,1)-m1x)^2+(X(5,2)-m1y)^2);

% X2单独为一类
m2x=(X(1,1)+X(3,1)+X(4,1)+X(5,1))./4;
m2y=(X(1,2)+X(3,2)+X(4,2)+X(5,2))./4;
J2=((X(1,1)-m1x)^2+(X(1,2)-m1y)^2)+((X(3,1)-m1x)^2+(X(3,2)-m1y)
^2)+((X(4,1)-m1x)^2+(X(4,2)-m1y)^2)+((X(5,1)-m1x)^2+(X(5,2)-m1y)^2
);

% X3单独为一类
m3x=(X(2,1)+X(1,1)+X(4,1)+X(5,1))./4;
m3y=(X(2,2)+X(1,2)+X(4,2)+X(5,2))./4;
J3=((X(2,1)-m1x)^2+(X(2,2)-m1y)^2)+((X(1,1)-m1x)^2+(X(1,2)-m1y)
^2)+((X(4,1)-m1x)^2+(X(4,2)-m1y)^2)+((X(5,1)-m1x)^2+(X(5,2)-m1y)^2);

% X4单独为一类
m4x=(X(2,1)+X(3,1)+X(1,1)+X(5,1))./4;
```

```
m4y=(X(2,2)+X(3,2)+X(1,2)+X(5,2))./4;
J4=((X(2,1)-m1x)^2+(X(2,2)-m1y)^2)+((X(3,1)-m1x)^2+(X(3,2)-m1y)
^2)+((X(1,1)-m1x)^2+(X(1,2)-m1y)^2)+((X(5,1)-m1x)^2+(X(5,2)-m1y)^2);

%  X5单独为一类
m5x=(X(2,1)+X(3,1)+X(4,1)+X(1,1))./4;
m5y=(X(2,2)+X(3,2)+X(4,2)+X(1,2))./4;
J5=((X(2,1)-m1x)^2+(X(2,2)-m1y)^2)+((X(3,1)-m1x)^2+(X(3,2)-m1y)
^2)+((X(4,1)-m1x)^2+(X(4,2)-m1y)^2)+((X(1,1)-m1x)^2+(X(1,2)-m1y)^2);

P=[J1;J2;J3;J4;J5];
P
```

4．实验结果与分析

实验结果如图 4-15 所示。

$$P =$$

$$39$$
$$40$$
$$43$$
$$45$$
$$18$$

图 4-15　误差平方和结果图

P 表示不同聚类情况下的误差平方和，由数据知聚类结果为 $\omega_1=\{X_1, X_2, X_3, X_4\}$，$\omega_2=\{X_5\}$ 时，可使全部模式样本与其相应模式均值之间的误差平方和最小，所以这是以误差平方之和为指标的聚类准则函数下最理想的聚类结果，而这也与我们的先验结果一致。

 ## 4.2.6　基于最近邻规则的聚类算法

1．实验内容

编写采用最近邻规则的聚类算法，距离采用欧氏距离，与之可设定。采用二维特征空间中的 10 个样本对程序进行验证。

$x_1 = (0,0)$, $x_2 = (3,8)$, $x_3 = (2,2)$, $x_4 = (1,1)$, $x_5 = (5,3)$,

$x_6 = (4,8)$, $x_7 = (6,3)$, $x_8 = (5,4)$, $x_9 = (6,4)$, $x_{10} = (7,5)$

2．实验步骤

①选取距离阈值 T，并且任取一个样本作为第一个聚合中心 Z_1，如 $Z_1 = x_1$；

②计算样本 x_2 到 Z_1 的距离 D_{21}。

若 $D_{21} \leqslant T$，则 $x_2 \in Z_1$，否则令 x_2 为第二个聚合中心，$Z_2 = x_2$。

设 $Z_2 = x_2$，计算 x_3 到 Z_1 和 Z_2 的距离 D_{31} 和 D_{32}。若 $D_{31} > T$ 和 $D_{32} > T$，则建立第三个聚合中心 Z_3；否则把 x_3 归于最近邻的聚合中心。依此类推，直到把所有的 n 个样本都进行分类。

③按照某种聚类准则考察聚类结果，若不满意，重新选取距离阈值 T，第一个聚合中心 Z_1，返回到②处，直到满意，算法结束。

3. 程序设计

```
A=[0 0;3 8;2 2;1 1;5 3;4 8;6 3;5 4; 6 4;7 5];
A2=A;
T=4;
k=1;
for i=1:10;
    p=0
    A1=A2;
    D=pdist (A2,'euclid') ;
    B=squareform (D)
    m=length (A1)
      for j=1:1:m;
        if B (1,j) <T
            n=j
            C1=A1 (j,:)
            C2=B (1,j)
            A2 (j-p,:) =[]
            flag=k;
            p=p+1
        x=A1 (j,1) ;
        y=A1 (j,2) ;
        hold on;
    switch flag
        case 1
        title ('最近邻聚类算法,第一个聚类中心（0,0),当前阈值T=4') ;
        plot (x,y,'*') ;
        title ('最近邻聚类算法,第一个聚类中心（0,0),当前阈值T=4') ;
        case 2
        title ('最近邻聚类算法,第一个聚类中心（0,0),当前阈值T=4') ;
        plot (x,y,'v') ;
        case 3
        title ('最近邻聚类算法,第一个聚类中心（0,0),当前阈值T=4') ;
        plot (x,y,'s') ;
        case 4
        title ('最近邻聚类算法,第一个聚类中心（0,0),当前阈值T=4') ;
        plot (x,y,'+') ;
```

```
        otherwise
        plot（x,y,'o'）;
    end
        else n=j
            C1=A1（j,:）
            C2=B（1,j）
      end
     end
   k=k+1;
end

r=T;
sita=0:pi/20:2*pi;
plot（r*cos（sita）,r*sin（sita））; %半径为R的圆
hold on

sita=0:pi/20:2*pi;
plot（r*cos（sita）+3,r*sin（sita）+8）;
hold on

sita=0:pi/20:2*pi;
plot（r*cos（sita）+5,r*sin（sita）+3）;
grid on
```

4．仿真结果

仿真结果如图 4-16～图 4-20 所示。

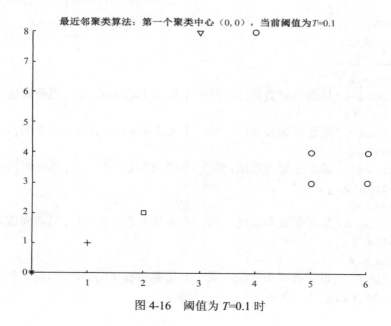

图 4-16　阈值为 T=0.1 时

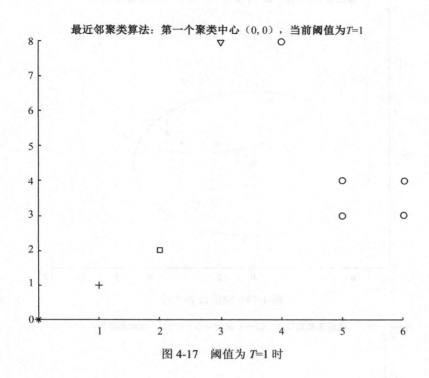

图 4-17 阈值为 $T=1$ 时

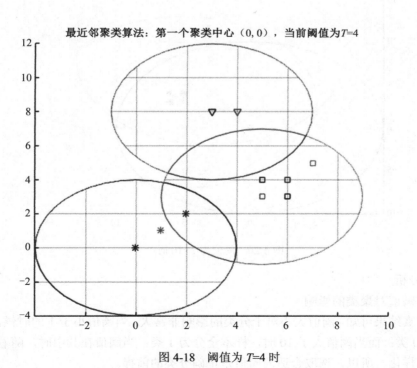

图 4-18 阈值为 $T=4$ 时

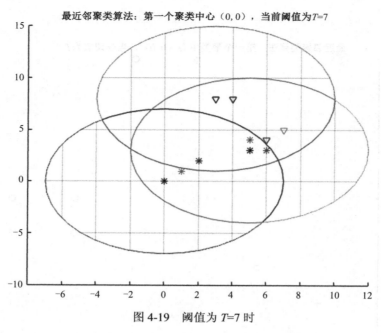

图 4-19   阈值为 T=7 时

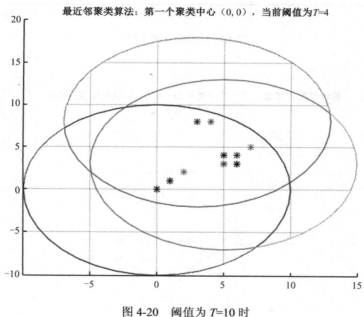

图 4-20   阈值为 T=10 时

5. 结果分析

（1）考虑阈值对聚类的影响

由以上仿真结果可知，阈值大小对于分类的影响非常大。当阈值小于 1 的时候，样本（10个）共分为 10 类；而当阈值大于 10 时，样本全分为 1 类；当阈值在其中时，随着阈值的变化，分类也多样化。所以，选取合适的阈值是正确分类的前提。

（2）实验小结

综上可知，只有预先分析过样本，对阈值进行范围估算，再通过实验验证，才能得到合适的阈值，对样本进行正确分类，而初始聚合中心对其没有影响。

 ### 4.2.7 基于最大最小距离聚类算法的实现

1. 实验内容

最大最小距离聚类算法也可以称作小中取大距离聚类算法，该算法的中心思想是首先确定一个阈值并且根据所取阈值寻找聚类中心，然后计算各样本到聚类中心的距离，最后依据最邻近规则把各个样本分类。

2. 实验目的

①学习并掌握最大最小距离聚类算法原理。

②编写能对样本实现正确分类的聚类算法程序。

3.实验原理

①任意选取一个样本作为第一聚类中心 Z_1。

②计算剩余样本到 Z_1 的距离，并选取距离最远的样本作为第二聚类中心 Z_2。

③计算每一个样本与每一个聚类中心之间的距离，并选出其中的最小距离。

④在所有最小距离中选出最大值，如果该最大值达到的一定比值（阈值 T）以上，则将对应样本点作为新的聚类中心，返回并继续执行③；否则，停止寻找聚类中心并跳转至⑥。

⑤重复步骤③和④，直到没有新的聚类中心出现为止。

⑥将样本划分到相应聚类中心对应的类别中。

4. 实验方法及程序

```
clc;
clear;

InitData = [0,0;3,8;2,2;1,1;5,3;4,8;6,3;5,4;6,4;7,5;]';
len = length(InitData); %计算数组长度

Z1(:,1) = InitData(:,1); %取第一个中心记为Z1

%求剩下各点到 Z1 的欧氏距离
for i=1:len
    distance(i) = norm(Z1-InitData(:,i)) ;
end

[Ma,I] = max(distance); %找出距离 Z1 最远的点
```

```
    Z2 = InitData (:,I); %设置第二个聚类中心

    %计算每个点与两个中心的距离
    for i=1:len
        D (1,i) = norm (Z1 - InitData (:,i));
        D (2,i) = norm (Z2 - InitData (:,i));
        Min (i) = min (D (:,i)); %Min 中存放第 i 点到两个中心点欧氏距离的较
小值
    end

    [Max,I] = max (Min); %找出所有最小距离中的距离最大值

    if (Max > 0.5*norm (Z1-Z2))  %阈值 T 设为 0.5
        Z3 = InitData (:,I);
    end

    %将每个点聚类到最近中心点
    C1 = [];
    C2 = [];
    C3 = [];
    for i =1:len
        D (1,i) = norm (Z1 - InitData (:,i));
        D (2,i) = norm (Z2 - InitData (:,i));
        D (3,i) = norm (Z3 - InitData (:,i));
        [mi,I] = min (D (:,i));
        switch I
            case 1
                C1 = horzcat (C1,InitData (:,i));
            case 2
                C2 = horzcat (C2,InitData (:,i));
            case 3
                C3 = horzcat (C3,InitData (:,i));
        end
    end
    axis ([0,10,0,10]);
    figure (1);
    title ('初始数据');
    for i = 1:len
        scatter (InitData (1,i),InitData (2,i),'k')
```

```
    hold on
end
axis ([0,10,0,10]);
figure (2);
title ('最大最小距离聚类结果');
for i = 1:length (C1)
    scatter (C1 (1,i),C1 (2,i),'r')
    hold on
end
for i = 1:length (C2)
    scatter (C2 (1,i),C2 (2,i),'g')
    hold on
end
for i = 1:length (C3)
    scatter (C3 (1,i),C3 (2,i),'b ')
    hold on
end
```

5．实验结果与分析

由图 4-21 和图 4-22 可知最大最小距离聚类算法的聚类结果与阈值 T 的设定以及起始点聚类中心 Z_1 的选取相关，如果不知道先验样本分布情况，就只能通过试探法多次试探来进行优化；如果已知先验样本分布，则可以指导 T 和 Z_1 的选取，则算法可以很快达到完成并收敛。

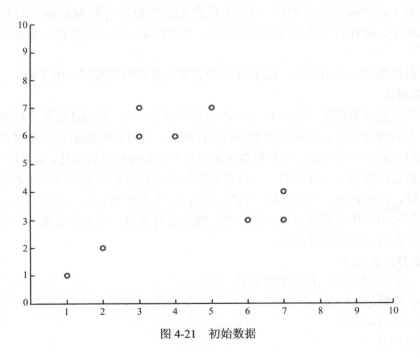

图 4-21　初始数据

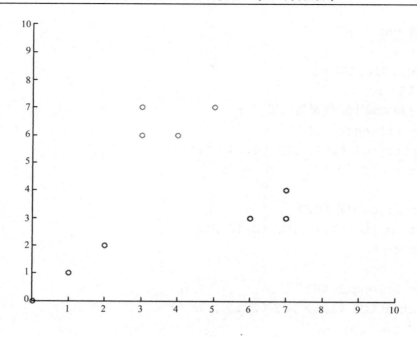

图 4-22　最大最小距离聚类结果

 ### 4.2.8　基于 C 均值聚类算法实验

1. 实验内容

①查找资料，对 C 均值聚类算法的原理和基本定义有一定的了解。

②针对基本原理编写实验程序，对其中有的无法实现的　查阅 Matlab 资料并进行调试。

③调试程序，选择合适的输入值进行实验，并对结果进行比较分析，验证所写程序是否正确。

④对所得结果进行分析总结，以求对 C 均值聚类算法有更加深入的了解。

2. 实验原理

算法首先随机从数据集中选取 C 个点作为初始聚类中心，然后计算各个样本到聚类中的距离，把样本归到离它最近的那个聚类中心所在的类。计算新形成的每一个聚类的数据对象的平均值来得到新的聚类中心，如果相邻两次的聚类中心没有任何变化，说明样本调整结束，聚类准则函数已经收敛。本算法的一个特点是在每次迭代中都要考察每个样本的分类是否正确。若不正确，就要调整，在全部样本调整完后，再修改聚类中心，进入下一次迭代。如果在一次迭代算法中，所有的样本被正确分类，则不会有调整，聚类中心也不会有任何变化，这标志着已经收敛，因此算法结束。

3. 实验方法及程序

```
data=input('请输入样本数据矩阵：');
m=size(data,1);
n=size(data,2);
counter=0;
```

```
k=input('请输入聚类数目：');
while k>m
disp('您输入的聚类数目过大，请输入正确的 k 值');
k=input('请输入聚类数目：');
end
if k==1
disp('聚类数目不能为 1，请输入正确的 k 值');
k=input('请输入聚类数目：');
end
%产生 k 个零矩阵，M 用来存放聚类中心
M=cell(1,m);
for i=1:k
M{1,i}=zeros(1,n);
end
Mold=cell(1,m);
for i=1:k
Mold{1,i}=zeros(1,n);
end
%随机选取 k 个样本作为初始聚类中心
%第一次聚类,使用初始聚类中心
p=randperm(m);%产生 m 个不同的随机数
for i=1:k
M{1,i}=data(p(i),:);
end
while true
counter=counter+1;
disp('第');
disp(counter);
disp('次迭代');
count=zeros(1,k);
%初始化聚类 C
C=cell(1,k);
for i=1:k
C{1,i}=zeros(m,n);
end
%聚类
for i=1:m
gap=zeros(1,k);
for d=1:k
for j=1:n
gap(d)=gap(d)+(M{1,d}(j)-data(i,j))^2;
```

```
end
end
[y,l]=min(sqrt(gap));
count(l)=count(l)+1;
C{1,l}(count(l),:)=data(i,:);
end
Mold=M;
disp('聚类中心为：');
for i=1:k
disp(M{1,i});
end
disp('聚类结果为：');
for i=1:k
disp(C{1,i});
end
sumvar=0;
for i=1:k
E=0;
disp('单个误差平方和为：');
for j=1:count(i)
for h=1:n
E=E+(M{1,i}(h)-C{1,i}(j,h))^2;
end
end
disp(E);
sumvar=sumvar+E;
end
disp('总体误差平方和为：');
disp(sumvar);
%计算新的聚类中心,更新 M,并保存旧的聚类中心
for i=1:k
M{1,i}=sum(C{1,i})/count(i);
end
%检查前后两次聚类中心是否变化, 若变化则继续迭代; 否则算法停止;
tally=0;
for i=1:k
if abs(Mold{1,i}-M{1,i})<1e-5*ones(1,n)
tally=tally+1;
continue;
else
break;
```

```
end
end
if tally==k
break;
end
end
```

4．实验结果与分析

（1）实验结果

选取了两组数据进行实验，并做对比。

①输入的样本数据矩阵和聚类数目如图 4-23 所示。

请输入样本数据矩阵：〔2.4 3.8 4.9 4.7

　　　　　　　　　3.2 10.2 100.4 12.4

　　　　　　　　　4.6 7.8 8.9 9.0

　　　　　　　　　10.2 11.2 23.4 24.6〕

请输入聚类数目：3

图 4-23　输入数据

图 4-24 和图 4-25 所示为运行结果。

聚类中心为：

10.2000	11.2000	23.4000	24.6000	单个误差平方和为：
2.4000	3.8000	4.9000	4.7000	6.1278e+03
4.6000	7.8000	8.9000	9.0000	

聚类结果为：

3.2000	10.2000	100.4000	12.4000	单个误差平方和为：
10.2000	11.2000	23.4000	24.6000	0
0	0	0	0	
0	0	0	0	

2.4000	3.8000	4.9000	4.7000	单个误差平方和为：
0	0	0	0	0
0	0	0	0	
0	0	0	0	

4.6000	7.8000	8.9000	9.0000	总体误差平方和为：
0	0	0	0	6.1278e+03
0	0	0	0	
0	0	0	0	

图 4-24　第一次迭代

聚类中心为：

6.7000	10.7000	61.9000	18.5000
2.4000	3.8000	4.9000	4.7000
4.6000	7.8000	8.9000	9.0000

单个误差平方和为：

1.5320e+03

聚类结果为：

3.2000	10.2000	100.4000	12.4000
0	0	0	0
0	0	0	0
0	0	0	0

单个误差平方和为：

0

2.4000	3.8000	4.9000	4.7000
0	0	0	0
0	0	0	0
0	0	0	0

单个误差平方和为：

496.5300

4.6000	7.8000	8.9000	9.0000
10.2000	11.2000	23.4000	24.6000
0	0	0	0
0	0	0	0

总体误差平方和为：

2.0285e+03

图 4-25 第二次迭代

因为第二次迭代的聚类结果与第一次的迭代结果不同，所以进行下一次迭代，如图 4-26 所示。

聚类中心为：

3.2000	10.2000	100.4000	12.4000
2.4000	3.8000	4.9000	4.7000
7.4000	9.5000	16.1500	16.8000

单个误差平方和为：

0

聚类结果为：

3.2000	10.2000	100.4000	12.4000
0	0	0	0
0	0	0	0
0	0	0	0

单个误差平方和为：

55.3300

2.4000	3.8000	4.9000	4.7000
4.6000	7.8000	8.9000	9.0000
0	0	0	0
0	0	0	0

单个误差平方和为：

124.1325

10.2000	11.2000	23.4000	24.6000
0	0	0	0
0	0	0	0
0	0	0	0

总体误差平方和为：

179.4625

图 4-26 第三次迭代

第三次迭代结果与上一次迭代结果依旧不同，所以再进行下一次迭代，如图 4-27 所示。

聚类中心为：

3.2000	10.2000	100.4000	12.4000
3.5000	5.8000	6.9000	6.8500
10.2000	11.2000	23.4000	24.6000

单个误差平方和为：
0

聚类结果为：

3.2000	10.2000	100.4000	12.4000
0	0	0	0
0	0	0	0
0	0	0	0

单个误差平方和为：
27.6650

2.4000	3.8000	4.9000	4.7000
4.6000	7.8000	8.9000	9.0000
0	0	0	0
0	0	0	0

单个误差平方和为：
0

10.2000	11.2000	23.4000	24.6000
0	0	0	0
0	0	0	0
0	0	0	0

总体误差平方和为：
27.6650

图 4-27 第四次迭代

第四次迭代结果与上一次迭代结果相同，所以停止迭代，聚类结果与聚类中心如图 4-26 所示。

②输入的样本数据和聚类数目如图 4-28 所示。

请输入样本数据矩阵：[1.2 3.4 5.6 7.8
　　　　　　　　　2.3 4.5 6.7 7.8
　　　　　　　　　11.2 12.3 12.4 14.5
　　　　　　　　　2.3 4.5 5.6 7.8]
请输入聚类数目：5
您输入的聚类数目过大，请输入正确的k值
请输入聚类数目：3

图 4-28 输入的数据

计算结果如图 4-29 和图 4-30 所示。

第
1

次迭代
聚类中心为：

2.3000	4.5000	6.7000	7.8000

单个误差平方和为：
0

11.2000	12.3000	12.4000	14.5000

2.3000	4.5000	5.6000	7.8000

聚类结果为：

2.3000	4.5000	6.7000	7.8000
0	0	0	0
0	0	0	0
0	0	0	0

单个误差平方和为：
0

11.2000	12.3000	12.4000	14.5000
0	0	0	0
0	0	0	0
0	0	0	0

单个误差平方和为：
2.4200

1.2000	3.4000	5.6000	7.8000
2.3000	4.5000	5.6000	7.8000
0	0	0	0

总体误差平方和为：
2.4200

图 4-29   第一次迭代

第
2

次迭代
聚类中心为：

2.3000	4.5000	6.7000	7.8000

单个误差平方和为：
0

11.2000	12.3000	12.4000	14.5000

1.7500	3.9500	5.6000	7.8000

聚类结果为：

2.3000	4.5000	6.7000	7.8000
0	0	0	0
0	0	0	0
0	0	0	0

单个误差平方和为：
0

11.2000	12.3000	12.4000	14.5000
0	0	0	0
0	0	0	0
0	0	0	0

单个误差平方和为：
1.2100

1.2000	3.4000	5.6000	7.8000
2.3000	4.5000	5.6000	7.8000
0	0	0	0

总体误差平方和为：
1.2100

图 4-30   第二次迭代

可以看到第二次迭代的迭代中心与第一次的相同，所以停止迭代，得到了聚类中心与聚类结果如图 4-30 所示。

（2）结果分析

由上面的结果可以看到，我们实现了 C 均值算法的定义，通过最先定好聚类数目，C 均值算法是一种典型的基于划分的方法，该算法的优点是思想简单易行，时间复杂性接近线性，对大规模数据的挖掘具有高效性和可伸缩性。但是通过实验发现了如下一些缺点：聚类个数 C 需要预先给定，算法对初值敏感；算法易于陷入局部极小，并且一般只能发现球状簇。

通过查阅资料，针对 C 均值算法对初始中心值选取的依赖性，有以下两种解决方法。

①基于 Huffman 树构造的思想，提出了一种新的选取 C 均值聚类算法初始中心点方法，改善 C 均值聚类算法随机选取初始中心点而导致的聚类结果不稳定，容易陷入局部最优而非全局最优的不良结果。

②采用最大距离法来选取 C 均值聚类算法初始中心点，使得选出的中心点能在一定程度上代表不同的簇，提高了划分初始数据集的效率，克服了 C 均值聚类算法中随机选取的初始中心点很大可能过于邻近，多个初始中心被选择在同一簇中，而小簇中没有聚类种子的不好情况。另外，引入特征加权的方法，区别不同特征对聚类的贡献不同，来提高聚类的有效性。

第5章 特征提取与选择

特征选择与提取的实质是要对原始特征空间进行优化,是模式识别系统的一个关键问题。好的特征可以使同类样本的分布更具加紧密,不同类别样本则在该特征空间中更加分散,这就为分类器设计奠定了良好的基础。本章知识结构如图 5-1 所示。

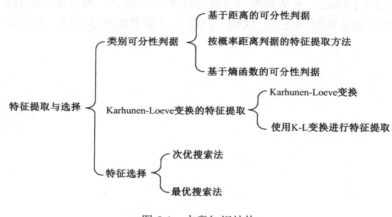

图 5-1 本章知识结构

5.1 知识要点

1. 基于距离的可分性判据

基于距离的可分性判据的实质是 Fisher 准则的延伸,即同时考虑样本的类内聚集程度与类间的离散程度两个因素。这种判据对特征空间优化的结果较好地体现类内密集、类间分离的目的。

基于距离的可分性判据有如下几种表示形式。

①特征向量间平均距离的判据:

$$J_1(\boldsymbol{X}) = \mathrm{tr}(\boldsymbol{S}_w + \boldsymbol{S}_b) \tag{5.1}$$

式中, tr 表示矩阵的迹。

②类内类间距离的判据。判据 $J_1(\boldsymbol{X})$ 是建立在计算特征向量的总平均距离基础上的一种

距离度量，直观上我们希望变换后特征向量的类间离散度尽量大，类内离散度尽量小，因此还可以提出以下几种实用的判据。

$$J_2(\boldsymbol{X}) = \mathrm{tr}(\boldsymbol{S}_w^{-1} \boldsymbol{S}_b) \tag{5.2}$$

$$J_3(\boldsymbol{X}) = \ln\left[\frac{|\boldsymbol{S}_b|}{|\boldsymbol{S}_w|}\right] \tag{5.3}$$

$$J_4(\boldsymbol{X}) = \frac{\mathrm{tr}(\boldsymbol{S}_b)}{\mathrm{tr}(\boldsymbol{S}_w)} \tag{5.4}$$

$$J_5(\boldsymbol{X}) = \frac{|\boldsymbol{S}_w + \boldsymbol{S}_b|}{\boldsymbol{S}_w} \tag{5.5}$$

其中，$|\bullet|$ 表示是矩阵对应的行列式。由上述判据的构造可知，当类内模式比较密集，类间模式比较分散时，所得判据值也较大，分类就更加容易。

2．按概率距离判据的特征提取方法

当不同类样本中有部分在特征空间交迭分布时，简单地按距离划分，无法表明判据与错误概率之间的联系。因此人们设计出与概率分布交迭程度有关的距离度量方法，这些距离 J_p 有以下几个共同点：

① J_p 是非负，即 $J_p \geqslant 0$；

② 当两类完全不交迭时 J_p 达到其最大值；

③ 当两类分布密度相同时，$J_p = 0$。

这种函数的一般式可表示为

$$J = \int g\left[p(\boldsymbol{X}|\omega_1), p(\boldsymbol{X}|\omega_1), p_1, p_2\right] \tag{5.6}$$

下面讨论一些常用的概率距离度量。

（1）Bhattacharyya 距离和 Chernoff 界限

Bhattacharyya 距离的定义为

$$J_B = -\ln \iint \left[p(\boldsymbol{X}|\omega_1)p(\boldsymbol{X}|\omega_2)\right]^{1/2} \mathrm{d}\boldsymbol{X} \tag{5.7}$$

Chernoff 界限的定义为

$$J_C = -\ln \iint \left[p^s(\boldsymbol{X}|\omega_1)p^{1-s}(\boldsymbol{X}|\omega_2)\right] \mathrm{d}\boldsymbol{X} \tag{5.8}$$

（2）散度

另一种常用的基于概率距离度量的判据是利用似然比或对数似然比。对两类问题，其对数似然比为

$$l_{ij} = \ln \frac{p(\boldsymbol{X}|\omega_i)}{p(\boldsymbol{X}|\omega_j)} \tag{5.9}$$

为了对整个特征空间概率分布的差异程度作出评价，ω_i 类相对 ω_j 的可分性信息定义为

$$I_{ij} = E\left[l_{ij}(\boldsymbol{X})\right] = \int_X p(\boldsymbol{X}|\omega_i) \ln \frac{p(\boldsymbol{X}|\omega_i)}{p(\boldsymbol{X}|\omega_j)} \mathrm{d}\boldsymbol{X} \tag{5.10}$$

ω_j 类相对 ω_i 的可分性信息定义为

$$I_{ji} = E\left[l_{ji}(\boldsymbol{X}) \right] = \int_X p(\boldsymbol{X}|\omega_j) \ln \frac{p(\boldsymbol{X}|\omega_j)}{p(\boldsymbol{X}|\omega_i)} \mathrm{d}\boldsymbol{X} \tag{5.11}$$

而总的平均可分信息则可表示成

$$J_D = I_{ij} + I_{ji} = \iint_X \left[p(\boldsymbol{X}|\omega_i) - p(\boldsymbol{X}|\omega_j) \right] \ln \frac{p(\boldsymbol{X}|\omega_i)}{p(\boldsymbol{X}|\omega_j)} \mathrm{d}\boldsymbol{X} \tag{5.12}$$

（3）正态分布时基于概率分布距离度量

在一般情况下由于概率分布本身的复杂形式，以上这些基于概率分布的判据都相当复杂。但当模式的概率分布具有某种特定参数形式，尤其是呈正态分布时，判据的表达式可以得到进一步简化。

在正态分布时，Bhattacharyya 距离 J_B 可表示成

$$J_B = \frac{1}{8} (\mu_i - \mu_j)^{\mathrm{T}} \left[\frac{\Sigma_i + \Sigma_j}{2} \right] (\mu_i - \mu_j) + \frac{1}{2} \ln \frac{\left| \frac{1}{2}(\Sigma_i + \Sigma_j) \right|}{\left[|\Sigma_i| |\Sigma_j| \right]^{1/2}} \tag{5.13}$$

当 $\Sigma_i = \Sigma_j = \Sigma$ 时

$$J_B = \frac{1}{8} (\mu_i - \mu_j)^{\mathrm{T}} \Sigma^{-1} (\mu_i - \mu_j) \tag{5.14}$$

它与散度 J_D 的表达式只差一个常系数。

3．基于熵函数的可分性判据

从特征提取角度来看，特征越具有不确定性，用该特征进行分类越困难。因此用具有最小不确定性的那些特征进行分类是最有利的，在信息论中用"熵"作为特征不确定性的度量，如果已知样本的后验概率为 $P(\omega_i|\boldsymbol{X})$，定义 Shannon 熵为

$$H_c^{(1)} = -\sum_{i=1}^{c} P(\omega_i|\boldsymbol{X}) \log_2 P(\omega_i|\boldsymbol{X}) \tag{5.15}$$

另一常用的平方熵

$$H_c^{(2)} = 2 \left[1 - \sum_{i=1}^{c} P^2(\omega_i|\boldsymbol{X}) \right] \tag{5.16}$$

这两者都有熵函数的性质。

因而这些函数都可用作各类别样本后验概率集中分布程度的定量指标，在熵函数取值较大的特征空间里，不同样类别样本交选的程度较大，因此熵函数的期望值可以表征类别的分离程度，可用来作为提取特征的对类别可分性的度量指标。

4．Karhunen-Loeve 变换

Karhunen-Loeve（简称 K-L）变换是常用的一种特征提取方法，其思想是通过寻找一个特征空间，将样本从原始的数据空间投影到特征空间，找到维数较少的组合特征，从而达到降维的目的。

事实上，K-L 变换的实质是任一样本 X 可以表示成一组正交基 $\boldsymbol{\mu}_j$ 的线性组合，设线性组合的系数为 C_j，则对任一正交基 $\boldsymbol{\mu}_j$ 对应的 C_j 值，可以通过 X 与 $\boldsymbol{\mu}_j$ 的点积来计算，即

$$C_j = \boldsymbol{\mu}_j^{\mathrm{T}} X \tag{5.17}$$

如果要求获取一组系数 C_j，并将其表示成一个向量形式 $\boldsymbol{C} = (C_1, C_2, \cdots)^{\mathrm{T}}$，则可以通过下式求得。

$$C = \begin{bmatrix} \boldsymbol{\mu}_1^{\mathrm{T}} \\ \boldsymbol{\mu}_2^{\mathrm{T}} \\ \vdots \\ \boldsymbol{\mu}_d^{\mathrm{T}} \end{bmatrix} X = UX \tag{5.18}$$

这里 $\boldsymbol{U}$ 是一个变换矩阵，其中每一行是某一个正交基向量的转置。由 $\boldsymbol{X}$ 计算 $\boldsymbol{C}$ 称为对 $\boldsymbol{X}$ 的分解，反过来，也可以用 $\boldsymbol{C}$ 重构 $\boldsymbol{X}$，重构的信号表示成 $\hat{\boldsymbol{X}} = (X_1, X_2, \cdots, X_d)^{\mathrm{T}}$，则

$$\hat{X} = \begin{bmatrix} X_1 \\ X_2 \\ \vdots \\ X_d \end{bmatrix} = (\boldsymbol{\mu}_1, \boldsymbol{\mu}_2, \cdots, \boldsymbol{\mu}_d) \begin{bmatrix} C_1 \\ C_2 \\ \vdots \\ C_d \end{bmatrix} = U^{\mathrm{T}} C \tag{5.19}$$

显然，$\hat{\boldsymbol{X}}$ 是原向量 $\boldsymbol{X}$ 的一个近似，要使 $\hat{\boldsymbol{X}}$ 与 $\boldsymbol{X}$ 的差异越小，则要用更多维数的正交基。

5. 使用 K-L 变换进行特征提取

上面讨论 K-L 变换时得出 K-L 坐标系是由 $E\left[\boldsymbol{XX}^{\mathrm{T}}\right]$ 的特征值对应的特征向量产生的，因而 $E\left[\boldsymbol{XX}^{\mathrm{T}}\right]$ 被称为 K-L 坐标系的产生矩阵，$E\left[\boldsymbol{XX}^{\mathrm{T}}\right]$ 中没有类别标签的均值向量 $\boldsymbol{\mu}$ 通常没有实际意义。事实上，如果使用不同的向量作为产生矩阵，会得到不同的 K-L 坐标系，从而满足不同的分类要求。如果在产生矩阵中考虑类别的均值向量 $\boldsymbol{\mu}$，可用样本数据的协方差矩阵 $\sum (\boldsymbol{X} - \boldsymbol{\mu})(\boldsymbol{X} - \boldsymbol{\mu})^{\mathrm{T}}$ 代替 $E\left[\boldsymbol{XX}^{\mathrm{T}}\right]$。如训练样本集合中各样本的类别已知（ $\boldsymbol{X} \in \omega_i$ ），定义各类别协方差矩阵为 $\boldsymbol{\Sigma}_i = E\left[(\boldsymbol{X} - \boldsymbol{\mu}_i)(\boldsymbol{X} - \boldsymbol{\mu}_i)^{\mathrm{T}}\right]$，则可以用类内离散矩阵 $\boldsymbol{S}_w$ 作为产生矩阵 $\boldsymbol{S}_w = \sum P_i \boldsymbol{\Sigma}_i$，其意义是只按类内离散程度进行特征选取。下面是几种 K-L 变换的方法：

①利用类均值向量提取特征。

②包含在类平均向量中判别信息的最优压缩。

6. 次优搜索法

（1）单独最优的特征选择

单独选优法的基本思路是计算各特征单独使用时的判据值并以递减排序，选取前 d 个分类效果最好的特征。

（2）增添特征法

该方法也称顺序前进法（SFS），是最简单的自下而上搜索方法，每次从未选入的特征中选择一个特征，使它与已选入的特征组合在一起时 J 值最大，直到选入特征数目达到指定的维数 d 为止。

（3）剔减特征法

该方法也称顺序后退法（SBS）。其思想是从全部特征开始，每次剔除一个特征，所剔除的特征使保留特征组合的 J 值最大。

（4）增 l 减 r 法（ $l-r$ 法）

为了克服（2）、（3）方法中的一旦某特征选入或剔除就不能再剔除或选入的缺点，可在选择过程中加入局部回溯，例如在第 k 步可先用方法（2），对已选入的 k 个特征再一个个地加入新的特征到 $k+l$ 个特征，然后用方法（3）一个个地剔除 r 个特征，称这种方法为增 l 减 r 法（$l-r$ 法）。

7. 最优搜索法

分支定界法是采用树结构来描述的一种全局最优搜索方法，称为搜索树或解树，解树每个节点代表一种特征组合，因此所有可能的特征组合都包含在树结构中。搜索最优特征组合时选用自上而下、自右向左的搜索顺序，并先从结构简单的部分开始搜索。该方法采用分支定界策略和值左小右大的树结构，搜索时又充分利用了可分性判据的单调性，使得在实际上并不计算某些特征组合而又不影响全局寻优，所以这种特征选择方法搜索效率很高。

5.2　实验指导

5.2.1　基于距离的可分性判据

1. 实验内容

类别可分性测度是衡量类别间可分性的判据，用来衡量模式间相似性的一种尺度。类别可分性测度通常分为三类：空间分布——类内距离和类间距离；随机模式向量——类概率密度函数；错误率——与错误率有关的距离。本次实验采用基于距离的可分性判据。

①类内距离和类内散布矩阵。

②类间距离和类间散布矩阵。

③总体散布矩阵。

2. 实验原理

类内距离表示同一类模式点集内，各样本间的均方距离。类内散布矩阵表示各样本点围绕均值的散布情况。特征选择和提取的结果应使类内散布矩阵的迹越小越好。

类间距离表示模式类之间的距离。类间散布矩阵表示 c 类模式在空间的散布情况。类间散布矩阵的迹越大越有利于分类。

距离与散布矩阵作为可分性测度的特点：计算方便、概念直观（反映模式的空间分布情况），与分类错误率没有直接的联系。

3. 实验方法及程序

（1）类内判别实验方法

① 导入 4 组样本输入数据（data1，data2，data3，data4），1 组样本分类数据 clas1。

② 分别计算这 4 组样本数据在 clas1 分类情况下的类内散步矩阵值（Sw1，Sw2，Sw3，Sw4）。

③ 比较 4 组值，最大值对应的分类数据是最差分类，最小值对应的分类数据是最优分类。

（2）类间判别实验方法

① 导入 1 组样本输入数据（data1），4 组样本分类数据（clas1，clas2，clas3，clas4）。

② 分别计算这 1 组样本数据在 4 组分类情况下的类间散布矩阵值（Sb1，Sb2，Sb3,Sb4）。

③ 比较五组值，最大值对应的分类数据是最优分类，最小值对应的分类数据是最差分类。

（3）混合散布实验方法

类间散布矩阵与类内散布矩阵求和得到混合散布矩阵。

代码如下：

```
clear all
%读取样本数据
X=importdata('data1.xlsx');
%读取分类数据
y=importdata('clas1.xlsx');
[L,N]=size(X); %样本数据大小
c=max(y);   %类别数目
%求样本数据 1 SW1 类内距离
m=[];
SW=zeros(1); %赋予类内距离一维空间，便于直接比较
for i=1:1:c
    y_temp=(y==i);
    X_temp=X(:,y_temp);
    P(i)=sum(y_temp)/N;   %求第 i 类的先验概率
    m(:,i)=(mean(X_temp'))';
    SW=SW+P(i)*cov(X_temp');   %按照类内散布矩阵公式得到对应的散布矩阵
的值
    end
%求类间距离
m0=P*m'; %全局均值向量
Sb=zeros(1);
for i=1:c
    Sb=Sb+P(i)*((m(:,i)-m0)*(m(:,i)-m0)');   %按照公式求类间散布矩阵
end
%求 St 混合散布矩阵
St=SW+Sb;
```

4．实验结果与分析

（1）实验结果

①实验一第一类实验结果如下：

data1: SW=3.1000

data2: SW=7.7733

data3: SW=2.9822

data4: SW=6.1489

②实验一第二类实验结果如下：

clas1: Sb=2.4246

clas2: Sb=0.3176

clas3: Sb=2.5944

clas4: Sb=0.5624

（2）结果分析

由 Matlab 分析样本数据和分类数据得知：第一类实验中，第三组实验 SW 最小，第二组实验 SW 最大；第二类实验中，第二组实验 Sb 最小，第三组实验 Sb 最大。由实验原理可知，特征选择和提取的结果使类内散布矩阵的迹越小越好，因此，在第一类实验中，第三组提取的特征最好，第二组提取的特征最差。类间散布矩阵的迹越大越有利于分类，在第二类实验中，第三组分类结果最好，第二组分类结果最差。

 ## 5.2.2　基于概率距离判据的特征提取方法

1．实验内容

①了解和掌握常用的概率距离判据的特征提取方法。

②实现一个基于概率距离判据的特征提取案例。

③学习和掌握基本的 Matlab 编程技巧。

2．实验原理

常用的基于概率距离判据的特征提取方法主要有三种：Bhattacharyya 距离判据、Chernoff 概率距离判据以及散度准则函数判据。其中 Bhattacharyya 距离判据是 Chernoff 判据的一个特例，当 Chernoff 判据的阈值 s 为 0.5 时，两者是等价的。对于散度准则函数，当两种类别的协方差矩阵相等时，散度准则函数在该条件下与 Chernoff 判据等价。

本次实验采用散度准则函数判据，原始的数据特征是 $\Sigma_1 \neq \Sigma_2$（两种类型数据所对应的协方差矩阵不相等），因此需要使用一般性的散度准则函数处理方法。在一般条件下，映射矩阵 W 的第一个列向量 $W_1 = \left(\Sigma_1^{-1} + \Sigma_2^{-1}\right)\left(\mu_2 - \mu_1\right)$（$\mu_2$、$\mu_1$ 为两种类型数据的均值），其余 $d-1$ 个列向量为矩阵 $\Sigma_2^{-1}\Sigma_1$ 的特征值在 $\lambda_1 + \dfrac{1}{\lambda_1} \geqslant \lambda_2 + \dfrac{1}{\lambda_2} \geqslant \cdots \geqslant \lambda_d + \dfrac{1}{\lambda_d} \geqslant \lambda_D + \dfrac{1}{\lambda_D}$ 条件下所对应的前 $d-1$ 个特征向量。

3．实验方法及程序

实验步骤主要分为两个部分，一是模拟数据的生成，二是根据散度准则函数求解映射矩

阵 **W**。首先对于数据生成部分，所有数据全部落在一个单位立方体内，两种不同类型的数据分布在一个假想的平面两侧，并且一定概率下会出现在平面另一侧，以达到错分的效果。错分概率越大，表明两个类别的可区分性也越差。在本次试验中，错分概率取的是 0.1，而数据的规模为 300。对于映射矩阵 **W** 的求解，依照实验原理中的求解方法，本次实验分别求解了数据在一维和二维情况下的映射矩阵。

（1）模拟数据生成

```
clear
N = 300;
P1 = [];
P2 = [];
for i = 1:N
    x = rand;
    y = rand;
    z = rand;
    if [x y z]*[0.5 0.5 0.75]'>=1
        if rand < 0.9
            P1 = [P1;x,y,z];
        else
            P2 = [P2;x,y,z];
        end
    else
        if rand < 0.9
            P2 = [P2;x,y,z];
        else
            P1 = [P1;x,y,z];
        end
    end
end
plot3(P1(:,1),P1(:,2),P1(:,3),'b*');
hold
plot3(P2(:,1),P2(:,2),P2(:,3),'r.');
grid on
legend('类型一数据','类型二数据')
title('原始数据分布图')
```

（2）求解映射矩阵

```
miu1 = mean(P1);
miu2 = mean(P2);
```

```
cov1 = cov(P1);
cov2 = cov(P2);
mat = inv(cov2)*cov1;
w1 = (inv(cov1)+inv(cov2))*(miu2-miu1)';   %计算第一个W的列向量
[vec val1] = eig(mat);
val2 = diag(val1);
val = val2 + 1./val2
[~,pos] = max(val);
w2 = vec(:,pos) ;    %W的第二个列向量
mP1 = P1*w1;
mP2 = P2*w1;
figure
plot(mP1,'b*');
hold
plot(mP2,'r.');
legend('类型一数据','类型二数据')
title('一维映射下数据分布图')
nP1 = P1*[w1 w2];
nP2 = P2*[w1 w2];
figure
plot(nP1(:,1),nP1(:,2),'b*');
hold
plot(nP2(:,1),nP2(:,2),'r.');
legend('类型一数据','类型二数据')
title('二维映射下数据分布图')
```

4. 实验结果与分析

（1）实验结果

运行以上程序可以得到，原始数据分布如图 5-2 所示，一维映射下的数据分布如图 5-3 所示，二维映射下的数据分布如图 5-4 所示。

（2）结果分析

从数据的分布图可以观察到，将三维的数据映射到一维时，数据的可分性立刻表现出来，只需一条平行于 x 轴的直线就可以到达分类的目的。而将数据映射到二维时，数据的可分性更好，不过需要二维的平面进行分类。从结果的表现来看，说明选取的特征映射矩阵还是比较符合要求的。

从特征提取的角度而言，投影矩阵选取的特征向量越多，特征提取越精确。同时，这也会带来另一个问题，模型变得更加复杂，而且特征选取过多往往会引入某些噪声，造成数据的过拟合。因此，投影矩阵所选取的特征向量个数需要视具体的数据类型而定。

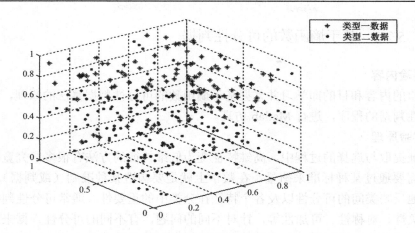

图 5-2　原始数据分布图

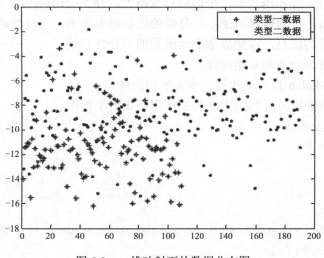

图 5-3　一维映射下的数据分布图

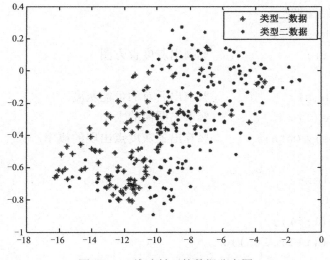

图 5-4　二维映射下的数据分布图

5.2.3 基于熵函数的可分性判据

1．实验内容

本实验的内容和目的即学习并掌握基于熵函数的可分性判据算法的原理，编写能实现熵函数可分性判据的程序，进行 Matlab 仿真。

2．实验原理

在特征提取与选择的过程中，高维特征变为低维特征的方法有很多，究竟哪个方法最为有效，就需要通过某种标准来衡量，在数学上就是要构造某种准则（或判据）。这些准则应该能很好地反映类间的可分性以及各个特征在分类中的重要性。通常可分性判据应该满足单调性、非负性、对称性、可加性等，针对不同的问题，有不同的可分性判据来选择。通常情况下较为通用的有基于距离、概率密度和熵函数三个可分性分析方法。由信息论可知，对于一组概率分布而言，分布越均匀，平均信息量越大，分类的错误率越大，可分性越差；分布越接近 0~1 分布，平均信息量越小，分类的错误概率越小，可分性越好。因此利用熵函数表征概率分布的平均信息，以建立基于熵函数的可分性判据。

①选定一个较为合适的原始图像。

②然后利用 Matlab 自带函数使之变为黑白图像。

③通过熵函数的可分性判别方法得到所得结果的灰度图。

3．实验方法及程序

Matlab 代码如下：

```
clc;
clear all;
I=imread('C:\Users\Desktop\moshishibie.png'); %读入图像
I = rgb2gray(I);
figure,imshow(I);
title('原始图像');
figure,imhist(I)
h=imhist(I);                %画出灰度直方图
h1=h;
len=length(h);             %求出所有的可能灰度
[m,n]=size(I);             %求出图像的大小
h1=(h1+eps)/(m*n);         %算出各灰度点出现的概率

for i=1:(len-1)
if h(i)~=0
P1=sum(h1(1:i));
P2=sum(h1((i+1):len));
else
```

```
    continue;
end
H1(i)=-(sum(P1.*log(P1)));        %利用熵函数处理图片
H2(i)=-(sum(P2.*log(P2)));
H(i)=H1(i)+H2(i);
end
m1=max(H);
F=find(H==m1);
Y=I;
for a=1:m;
   for b=1:n;
       if Y(a,b)>=F;
           Y(a,b)=0;
       end
   end
end
figure,imshow(Y)
```

4．实验结果与分析

（1）实验结果

运行以上程序可以得到，原始图像如图 5-5 所示，灰度直方图如图 5-6 所示，熵函数处理图像如图 5-7 所示。

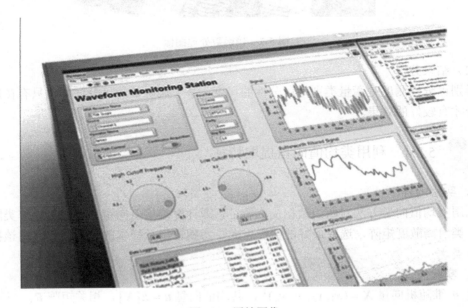

图 5-5　原始图像

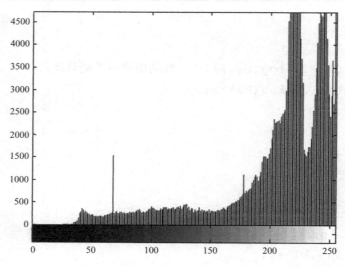

图 5-6　灰度直方图

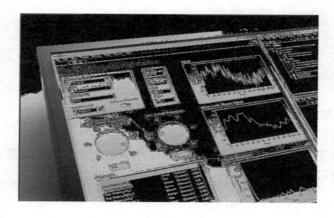

图 5-7　熵函数处理图像

（2）结果分析

类别可分性测度是衡量类别间可分性的尺度，基于熵函数的可分性判据只有在比较合适的场合才有较好的效果。

 ### 5.2.4　利用类均值向量提取特征

1．实验内容

利用类均值向量方法对两组数据提取特征，即计算类均值向量和协方差矩阵类间离散度矩阵、类内离散度矩阵，选取最好的投影方向，考察投影后样本的分布情况并用该投影方向进行分类。

2．实验原理

设 n 维随机向量 $X = (x_1, x_2, \cdots, x_n)^{\mathrm{T}}$，其均值向量 $u = E[X]$，相关矩阵 $R_X = E[XX^{\mathrm{T}}]$，协方差矩阵 $C_X = E[(X - u)(X - u)^{\mathrm{T}}]$，$X$ 经正交变换后产生向量 $y = (y_1, y_2, \cdots, y_n)^{\mathrm{T}}$。

设有标准正交变换矩阵 $\boldsymbol{T}$，且 $\boldsymbol{T} = (t_1, t_2, \cdots, t_n)$（$\boldsymbol{T}^\mathrm{T}\boldsymbol{T} = \boldsymbol{I}$）：

$$\boldsymbol{y} = \boldsymbol{T}\boldsymbol{X} = (t_1, t_2, \cdots, t_n)^\mathrm{T}\boldsymbol{X} = (y_1, y_2, \ldots, y_n)^\mathrm{T}, \quad y_i = t_i^\mathrm{T}\boldsymbol{X} \quad (i = 1, 2, \cdots, n)$$

$$\boldsymbol{X} = \boldsymbol{T}^{-1}\boldsymbol{y} = \boldsymbol{T}^\mathrm{T}\boldsymbol{y} = \sum_{i=1}^{n} y_i t_i \quad （称为 \boldsymbol{X} 的 K\text{-}L 展开式）$$

取前 m 项为 $\boldsymbol{X}$ 的估计值 $\widehat{\boldsymbol{X}} = \sum_{i=1}^{m} y_i t_i$（$1 \leqslant m < n$），其均方误差为

$$\xi(m) = E[(\boldsymbol{X} - \widehat{\boldsymbol{X}})^\mathrm{T}(\boldsymbol{X} - \widehat{\boldsymbol{X}})] = \sum_{i=m+1}^{n} E[y_i^2] = \sum_{i=m+1}^{n} E[y_i y_i']$$

$$\xi(m) = \sum_{i=m+1}^{n} E[y_i y_i'] = \sum_{i=m+1}^{n} t_i' E(\boldsymbol{X}\boldsymbol{X}') t_i = \sum_{i=m+1}^{n} t_i' \boldsymbol{R}_X t_i$$

在 $\boldsymbol{T}'\boldsymbol{T} = \boldsymbol{I}$ 的约束条件下，要使均方误差

$$\xi(m) = E[(\boldsymbol{X} - \widehat{\boldsymbol{X}})'(\boldsymbol{X} - \widehat{\boldsymbol{X}})] = \sum_{i=m+1}^{n} t_i' \boldsymbol{R}_X t_i' \to \min$$

为此设定准则函数 $J = \sum_{i=m+1}^{n} t_i^\mathrm{T} \boldsymbol{R}_X t_i - \sum_{i=m+1}^{n} \lambda_i (t_i^\mathrm{T} t_i - 1)$

由 $\dfrac{\partial J}{\partial t_i} = 0$ 可得 $(\boldsymbol{R}_X - \lambda_i \boldsymbol{I}) t_i = 0$，$i = m+1, \cdots, n$，即 $\boldsymbol{R}_X t_i = \lambda_i t_i$，$i = m+1, \cdots, n$

表明 λ_i 是 $\boldsymbol{R}_X$ 的特征值，而 t_i 是相应的特征向量。利用上式有

$$\xi(m) = \sum_{i=m+1}^{n} t_i^\mathrm{T} \boldsymbol{R}_X t_i = \sum_{i=m+1}^{n} t_i^\mathrm{T} \lambda_i t_i = \sum_{i=m+1}^{n} \lambda_i$$

用"截断"方式产生 $\boldsymbol{X}$ 的估计时，使均方误差最小的正交变换矩阵是由其相关矩阵 $\boldsymbol{R}_X$ 的前 m 个特征值对应的特征向量构成的。

多元正态分布概率密度函数为

$$p(\boldsymbol{X}) = \frac{1}{(2\pi)^{d/2} |\boldsymbol{\Sigma}|^{1/2}} \mathrm{e}^{-\frac{1}{2}(\boldsymbol{X} - \boldsymbol{\mu})^\mathrm{T} \boldsymbol{\Sigma}^{-1}(\boldsymbol{X} - \boldsymbol{\mu})}$$

其中：

$\boldsymbol{\mu}$ 是 d 维均值向量：$\boldsymbol{\mu} = E\{\boldsymbol{X}\} = [\mu_1, \mu_2, \cdots, \mu_d]^\mathrm{T}$

$\boldsymbol{\Sigma}$ 是 $d \times d$ 维协方差矩阵：$\boldsymbol{\Sigma} = E[(\boldsymbol{X} - \boldsymbol{\mu})(\boldsymbol{X} - \boldsymbol{\mu})^\mathrm{T}]$

（1）估计类均值向量和协方差矩阵的估计

各类均值向量 $m_i = \dfrac{1}{N_i} \sum_{\boldsymbol{X} \in \omega_i} \boldsymbol{X}$

各类协方差矩阵 $\boldsymbol{\Sigma}_i = \dfrac{1}{N_i} \sum_{\boldsymbol{X} \in \omega_i} (\boldsymbol{X} - \boldsymbol{\mu}_i)(\boldsymbol{X} - \boldsymbol{\mu}_i)^\mathrm{T}$

（2）类间离散度矩阵、类内离散度矩阵的计算

类内离散度矩阵：$\boldsymbol{S}_w = \sum_{\boldsymbol{X} \in \omega_i} (\boldsymbol{X} - m_i)(\boldsymbol{X} - m_i)^\mathrm{T}$，$i = 1, 2$

总的类内离散度矩阵：$\boldsymbol{S}_t = \boldsymbol{S}_w + \boldsymbol{S}_b$

类间离散度矩阵：$\boldsymbol{S}_b = (m_1 - m_2)(m_1 - m_2)^\mathrm{T}$

3. 实验方法及程序

产生两类均值向量、协方差矩阵如下的样本数据，每类样本各 50 个。

$$\boldsymbol{\mu}_1 = [-2, -2], \quad \boldsymbol{\Sigma}_1 = \begin{bmatrix} 1 & 0 \\ 0 & 1 \end{bmatrix}, \quad \boldsymbol{\mu}_2 = [2, 2], \quad \boldsymbol{\Sigma}_2 = \begin{bmatrix} 1 & 0 \\ 0 & 4 \end{bmatrix}$$

①读入两类数据，分别计算样本均值向量 $\boldsymbol{u}_i = E[\boldsymbol{x}]$ 和协方差 $\boldsymbol{c}_i = E\left[(\boldsymbol{x} - \boldsymbol{u})(\boldsymbol{x} - \boldsymbol{u})^{\mathrm{T}}\right]$，及总均值向量 $\boldsymbol{u} = \dfrac{(\boldsymbol{u}_1 + \boldsymbol{u}_2)}{2}$。

②计算类间离散度矩阵 $\boldsymbol{S}_b$ 与类内离散度矩阵 $\boldsymbol{S}_w$。

③用 $J\left(\boldsymbol{X}_j\right) = \dfrac{\boldsymbol{u}_j^{\mathrm{T}} \boldsymbol{S}_b \boldsymbol{u}_j}{\lambda_j}$ 比较分类性能，选择最佳投影方向。

④选取阈值进行判断，如图 5-8 所示。

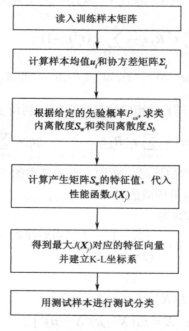

图 5-8　实验步骤

实验程序：

```
close all
clear all
clc
pw1=0.5;              %先验概率
pw2=1-pw1;
N = 50;
mu_1 = [-2,-2];
Sigma_1 = [1,0;0,1];
```

```
r_1 = mvnrnd(mu_1,Sigma_1,N);
mu_2 = [2,2];
Sigma_2 = [1,0;0,4];
r_2 = mvnrnd(mu_2,Sigma_2,N);
figure
hold on
plot(r_1(:,1),r_1(:,2),'r.');   %将矩阵 r_1 的第一列当成横坐标，第二列
当作纵坐标。
plot(r_2(:,1),r_2(:,2),'*');
title('样本数为 50 时的第一类、第二类样本分布图');
hold off
T=[r_1;r_2];
thegema1=cov(r_1);            %方差
thegema2=cov(r_2);
Sw=pw1*thegema1+pw2+thegema2;
[V,U]=eig(Sw);               %特征向量与对角阵
u1=mean(r_1);                %每一列的均值
u2=mean(r_2);
u=mean(T);
Sb=pw1*(u1-u)'*(u1-u)+pw2*(u2-u)'*(u2-u);
J1=V(:,1)'*Sb*V(:,1)/U(1,1);
J2=V(:,2)'*Sb*V(:,2)/U(2,2);
if J1>=J2
    w=V(:,1);
else
    w=V(:,2);
end
hei_m=r_1(:,1);              %男性,第一列为身高
wei_m=r_1(:,2);              %男性,第二列为体重
hei_fe=r_2(:,1);
wei_fe=r_2(:,2);
figure(2)
% plot(hei_m,wei_m,'g*',hei_fe,wei_fe,'ro');
hold on
y=w'*[r_1',r_2'];
for i=1:50
    plot(y(:,i),'g*');
```

```
end
for i=51:100
    plot(y(:,i),'ro');
end
l=mean(y);
k=0;
m=0;
for i=1:100
    if y(i)<l && i<=50
        k=k+1;
    else if y(i)>l && i>50
        m=m+1;
    end
end
k,m
ess1=k/100
ess2=m/100
```

4．实验结果与分析

（1）实验结果

运行以上程序可以得到，样本为 50 时的第一类、第二类样本分布如图 5-9 所示，经 K-L 变换后两种类分布如图 5-10 所示。

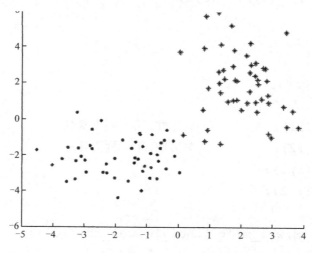

图 5-9　样本为 50 时的第一类、第二类样本分布图

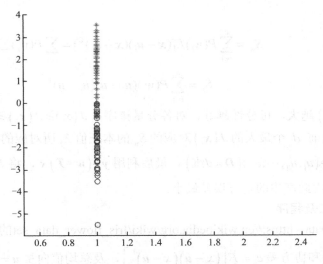

图 5-10　经 K-L 变换后两种类分布图

判断为第一类的错误率为：4%，判断为第二类的错误率为 2%。

（2）结果分析

由 mvnrnd 函数产生的结果是一个 $N \times D$ 的矩阵，在本实验中 D 是 2，N 是 50。根据实验数据可以看出，当样本容量变多的时候，两个变量的总体误差变小，观测变量各个取值之间的差异程度减小。

 5.2.5　基于类平均向量中判别信息的最优压缩的实现

1．实验内容

为使变换后的低维空间尽可能多地保持原有的分类信息，需进一步研究如何利用类均值向量包含的大量分类信息，以便更有效地提取特征，即需寻找"最好"的 K-L 坐标系。

2．实验原理

设 n 维矢量 $\boldsymbol{x}=[x_1,x_2,\cdots,x_n]$，其均值矢量 $\boldsymbol{\mu}=E[\boldsymbol{x}]$，协方 $C_x=E\left[(\boldsymbol{x}-\boldsymbol{u})(\boldsymbol{x}-\boldsymbol{u})^{\mathrm{T}}\right]$，此协方差阵为对称正定阵，则经过正交分解可表示为 $C_x=\boldsymbol{U}\boldsymbol{\Lambda}\boldsymbol{U}^{\mathrm{T}}$，其中 $\boldsymbol{\Lambda}=\mathrm{diag}[\lambda_1,\lambda_2,\cdots,\lambda_n]$，$\boldsymbol{U}=[\boldsymbol{u}_1,\boldsymbol{u}_2,\cdots,\boldsymbol{u}_n]$ 为对应特征值的特征向量组成的变换阵，且满足 $\boldsymbol{U}^{-1}=\boldsymbol{U}^{\mathrm{T}}$。变换阵 $\boldsymbol{U}^{\mathrm{T}}$ 为旋转矩阵，再此变换阵下 x 变换为 $\boldsymbol{y}=\boldsymbol{U}^{\mathrm{T}}(\boldsymbol{x}-\boldsymbol{u})$，在新的正交基空间中，相应的协方差阵 $C_x=\boldsymbol{U}C_x\boldsymbol{U}=\mathrm{diag}[\lambda_1,\lambda_2,\cdots,\lambda_n]$。

可分性不仅和类内距离有关，还和类间距离有关。可靠的方法是：希望类间散射大，各维的方差小，所以设计判别准则

$$J(\boldsymbol{x}_j)=\frac{\boldsymbol{u}_j^{\mathrm{T}}S_b\boldsymbol{u}_j}{\boldsymbol{u}_j^{\mathrm{T}}S_w\boldsymbol{u}_j}=\frac{\boldsymbol{u}_j^{\mathrm{T}}S_b\boldsymbol{u}_j}{\lambda_j}$$

由 S_w、S_b 共同来刻画变换后的分量的可分性知：λ_j 是 S_w 的第 j 个本征值，实际就是第 j 维方差，$\boldsymbol{u}_j$ 是 λ_j 对应的本征向量。

式中

$$S_w = \sum_{i=1}^{c} P(w_i) E[(\boldsymbol{x} - \boldsymbol{u}_i)(\boldsymbol{x} - \boldsymbol{u}_i)^{\mathrm{T}}] = \sum_{i=1}^{C} P(w_i) \sum_i$$

$$S_b = \sum_{i=1}^{c} P(w_i)(\boldsymbol{u}_i - \boldsymbol{u})(\boldsymbol{u}_i - \boldsymbol{u})^{\mathrm{T}}$$

显然，$J(x_i)$ 越大，可分性越好，对各分量排序：$J(x_1) \geqslant J(x_2) \geqslant \cdots \geqslant J(x_n)$（计算各特征的 $J(\bullet)$，选取前 d 个最大的 $J(x_i)$ 对应的 S_w 的本征值 λ_j 所对应的本征向量 $\boldsymbol{u}_j$ 构成变换矩阵 w^*，即 $w^* = (u_1, u_2, \cdots, u_n)(\boldsymbol{D} \times \boldsymbol{d}$维)，最后利用 $y = (w*T)x$，将 D 维空间的样本 x 映射到 d 维的样本，由此产生的均方误差最小。

3. 实验方法及程序

①读入Iris Data - https://en.wikipedia.org/wiki/Iris_flower_data_set的数据，分别计算样本均值向量 $\boldsymbol{u}_i = E[\boldsymbol{x}]$ 和协方差 $c_i = E\left[(\boldsymbol{x} - \boldsymbol{u})(\boldsymbol{x} - \boldsymbol{u})^{\mathrm{T}} \right]$，及总均值向量 $\boldsymbol{u} = \dfrac{(\boldsymbol{u}_1 + \boldsymbol{u}_2)}{2}$。

②计算类间离散度矩阵 $\boldsymbol{S}_b$ 与类内离散度矩阵 $\boldsymbol{S}_w$。

③用 $J(\boldsymbol{X}_j) = \dfrac{\boldsymbol{u}_j^{\mathrm{T}} \boldsymbol{S}_b \boldsymbol{u}_j}{\lambda_j}$ 比较分类性能，选择最佳投影方向。

④选取阈值进行判断。

实验程序：

```
clc;
clear all;
FA=[xlsread('K-L', 'A3:A52')'; xlsread('K-L', 'B3:B52')'];
MA=[xlsread('K-L', 'A53:A102')';xlsread('K-L', 'B53:B102')'];
a=cov(FA');
b=cov(MA');
x1=(sum(FA')/length(FA))';
x2=(sum(MA')/length(MA))';
Sw=0.5*a+0.5*b;
[u,v]=eig(Sw);
x=(x1+x2)/2;
Sb=0.5*(x1-x)*(x1-x)'+0.5*(x2-x)*(x2-x)';
if u(:,1)'*Sb*u(:,1)/v(1,1)>u(:,2)'*Sb*u(:,2)/v(2,2)
   u=u(:,1);
else
   u=u(:,2);
end
for k=1:50
```

```
    TF(:,k)=u'*FA(:,k);
    TM(:,k)=u'*MA(:,k);
end
w=(sum(TF)+sum(TM))/100;
errorg=0;
errorb=0;
for k=1:50
    if TF(:,k)>w
        errorg=errorg + 1;
    end
    if TM(:,k)<w
        errorb=errorb+1;
    end
end
errorg
errorb
error=errorg+errorb
h=error/100
```

4．实验结果与分析

（1）实验结果

运行以上程序可以得到以下结果。

```
u=
  0.5597
 -0.8287
errorg=
  1
errorb=
  0
error=
  1
h=
  0.100
```

（2）结果分析

由上实验结果可知，考虑类别信息后，利用类平均向量来提取判别信息的 K-L 变换得出的分类识别精准度很高。

5.2.6　增添特征法

1. 实验内容

采用增添特征法进行特征选择，然后使用支持向量机 SVM 对得到的特征组合进行分类，得到分类正确率随特征维数的变化曲线，以找到分类正确率最高的特征组合，并比较类别可分性判据 $J_1 = \mathrm{tr}(S_w^{-1}S_b)$，$J_2 = \dfrac{\mathrm{tr}(S_b)}{\mathrm{tr}(S_w)}$ 和 $J_3 = \dfrac{|S_w + S_b|}{S_w}$ 的特征选择效果。另外将增添特征法同单独最优特征选择法进行对比。

本实验所用的数据为 UCI 数据库中数据 sonar：sonar 是一个二分类问题，共 208 个样本，两个类别分别具有的样本数为 97 和 111，每个样本有 60 个特征。

2. 实验原理

特征选择就是从 n 个特征中选择 d（$d<n$）个最优特征构成用于模式分类的特征向量，以便压缩维数，降低模式识别系统的代价。这涉及两个问题：一是选择的方法有多种，判断选出哪一组特征是最优的，需要有一个衡量的准则，以便进行比较；二是必须要有选择特征和对特征征集进行比较的方法或算法，以便在允许的时间内找出最优的那一组。

本实验采用顺序前进法。每次从未入选的特征中选择一个特征，使得它与已入选的特征组合到一起所得到的可分性判据最大，直到特征数增加到 M 为止。用 X_k 表示在第 k 步时的特征集合，搜索算法如下：

开始时，$X_0 = \varnothing$，从 N 个特征中选择一个 $J_x(i)$ 最大的特征，加入已选特征集，$X_1 = \{x_i\}$；在第 k 步，X_k 中包含已经选择的 k 个特征，对未入选的 $N{-}k$ 个特征计算 $JX\left(k \bigcup \{x_j\}\right)$，其中 $j=1,2,\cdots,N{-}k$，并且按照由大到小排序，将可分性判据最大的特征 x_l 加入 X_k，$X_{k+1} = X_k \bigcup \{x_l\}$，直到所选的特征数等于 M 为止。

3. 实验方法及程序

①类别可分性判据 J_1 下，分别采用单独最优特征选择法和增添特征法对样本进行特征选择，比较两者的 SVM 分类正确率。

②类别可分性判据 J_1 下，设定 $d = 3$，分析增添特征法的特征选择过程。

③分别采用可分性判据 J_1、J_2 和 J_3 用增添特征法进行实验，比较三者的特征选择效果，并找到三种可分性判据下分类正确率最高的特征组合。

④以可分性判据 J_1 为例，查看最大可分性判据随目标特征维数 d 的变化。

实验程序：

```
clear;
clc;
%--------特征导入
load('E:\BBN\databases\UCI\sonar.mat');
m1=97;m2=111;    %两类的样本大小
p1=m1/(m1+m2);p2=m2/(m1+m2);      %两类的先验概率
chosen=[];        %已选入的特征编号
```

```
%--------目标维数 d=j
for j=1:60
    [m,n]=size(chosen);n=n+1;
    J1=zeros(1,60);  %类别可分性判据
    %--------增添特征法进行特征选择
    for i=1:60                %共 60 组特征
        Sw=zeros(n,n);Sb=zeros(n,n);
        S1=zeros(n,n);S2=zeros(n,n);
        p=any(chosen==i);     %若特征 i 未被选择，则 p=0；否则 p>0
        if p==0
          temp_pattern1=data(1:m1,[chosen i]);     %新组合的类别 1
         temp_pattern2=data(m1+1:m1+m2,[chosen i]);%新组合的类别 2
         %-------类内散布矩阵
         M1=mean(temp_pattern1); %类别 1 的均值向量
         M2=mean(temp_pattern2); %类别 2 的均值向量
         M0=p1*M1+p2*M2;     %总体均值向量
         for k=1:m1
         S1=S1+(temp_pattern1(k,:)-M1)'*(temp_pattern1(k,:)-M1);
         end
         S1=S1/m1;          %类别 1 的类内散布矩阵
         for k=1:m2
         S2=S2+(temp_pattern2(k,:)-M2)'*(temp_pattern2(k,:)-M2);
         end
         S2=S2/m2;          %类别 2 的类内散布矩阵
         Sw=p1*S1+p2*S2;    %总的类内散布矩阵
         %-------类间散布矩阵
         Sb=p1*((M1-M0)'*(M1-M0))+p2*((M2-M0)'*(M2-M0));
         %-------类别可分性判据
         J1(i)=trace((Sw^-1)*Sb);              %类别可分性判据 1
%          J2(i)=trace(Sb)/trace(Sw);          %类别可分性判据 2
%          J3(i)=(det(Sb+Sw))/det(Sw);         %类别可分性判据 3
        end
    end
    [maxr,k]=max(J1);     %寻找使可分性判据最大的特征
    JJ(j)=maxr;           %最大可分性判据
    chosen=[chosen k];  %选入新特征
    s_data1=data(1:m1,chosen);        %特征选择之后的数据样本 1
    s_data2=data(m1+1:m1+m2,chosen);  %特征选择之后的数据样本 2
    %% SVM 分类(因为 sonar 数据取值在 0~1，这里没有进行归一化)
    for i=1:10        %进行 10 次，取平均值
        a=randperm(m1);b=randperm(m2);   %随机选取训练样本和测试样本
```

```
        train_data=[s_data1(a(1:50),:);s_data2(b(1:50),:)];
                                                                    %训练样本
        train_label=[ones(1,50)';2*ones(1,50)'];         %训练样本 label
        test_data=[s_data1(a(51:m1),:);s_data2(b(51:m2),:)];
                                                                    %测试样本
        test_label=[ones(1,m1-50)';2*ones(1,m2-50)'];
                                                                    %测试样本 label
        model=svmtrain(train_label,train_data);              %训练
     [predict_label,accuracy]=svmpredict(test_label,test_data,model)
;%测试
        accuracy1(i)=accuracy(1);
    end
    accuracy2(j)=mean(accuracy1);
  end
figure;plot(accuracy2);      %不同特征维数下的最高 SVM 分类正确率
xlabel('目标特征维数 d');ylabel('最高 SVM 分类正确率');
figure;plot(JJ);               %不同特征维数下的最大类别可分性判据
xlabel('目标特征维数 d');ylabel('最大类别可分性判据 J');
```

4. 实验结果与分析

（1）实验结果

运行以上程序可以得到，类别可分性判据 $J_1 = \mathrm{tr}(S_w^{-1}S_b)$ 下，增添特征法和单独最优特征选择法效果比较如图 5-11 所示，d=3 时增添特征法的特征选择过程如图 5-12 所示，不同特征维数下最优特征组合的 SVM 分类正确率如图 5-13 所示，可分性判据 J_1 下，最大可分性判据随目标特征维数的变化曲线如图 5-14 所示。

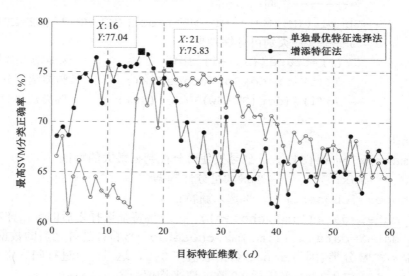

图 5-11　增添特征法和单独最优特征选择法效果比较

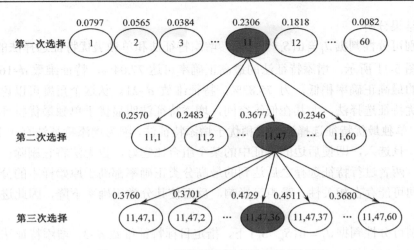

图 5-12 d=3 时增添特征法的特征选择过程

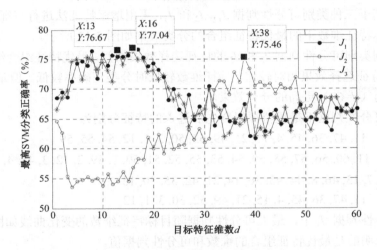

图 5-13 不同特征维数下最优特征组合的 SVM 分类正确率

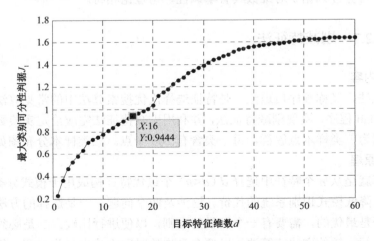

图 5-14 最大可分性判据随目标特征维数的变化曲线

（2）结果分析

①类别可分性判据 $J_1 = \mathrm{tr}(S_w^{-1}S_b)$ 下，增添特征法和单独最优特征选择法的 SVM 分类效果对比如图 5-11 所示。增添特征法的最高正确率可达 77.04%，特征维数 d=16；单独最优特征选择法的最高正确率稍低，为 75.83%，特征维数 d=21。从这个角度可以说增添特征法优于单独最优特征选择法，尤其在低维空间，增添特征法明显优于单独最优特征选择法；而在高维空间，单独最优特征选择法效果稍优于增添特征法，因为增添特征法有一个明显的缺点：即某特征一旦选入，即使后边的特征中的某个组合比它好，也无法将它剔除。

另外，两者进行特征选择之后达到的最高分类正确率都高于原始样本的分类正确率，说明特征之间可能存在相关性、噪声等影响，反而使其分类正确率下降，因此进行特征选择十分有必要。

②类别可分性判据 $J_1 = \mathrm{tr}(S_w^{-1}S_b)$ 下，指定目标特征维数 d=3，增添特征法的特征选择过程如图 5-12 所示，最后选择的特征组合为 11,47,36。

③分别基于三种类别可分性判据 J_1，J_2 和 J_3，采用增添特征法进行特征选择，SVM 分类器对不同目标特征维数下的最优特征组合的分类效果如图 5-13 所示。

可以看到类别可分性判据 J_2 和 J_3 的特征选择效果相似，最优特征组合维数较低；而可分性判据 J_3 的特征选择效果相对较差，特征维数较低时分类正确率较低。但是三者都可以达到比特征选择前（d=60）更高的分类效果。

④三种可分性判据下最优特征组合先后选入的特征分别为：
- J_1：11, 47, 36, 45, 4, 15, 21, 49, 52, 50, 3, 1, 12, 54, 55, 59
- J_2：11, 60, 56, 57, 58, 59, 54, 53, 55, 52, 51, 50, 1, 49, 2, 12, 3, 48, 4, 5, 47, 10, 45, 9, 6, 7, 13, 46, 8, 44, 43, 36, 14, 21, 42, 35, 20, 15
- J_3：11, 47, 36, 45, 4, 15, 21, 49, 52, 50, 3, 1, 12

其中可分性判据 J_1 下，最大可分性判据随目标特征维数的变化曲线如图 5-14 所示，图中数据游标标明的是最优特征组合的维数和可分性判据值。

可以看到可分性判据 J 对维数具有单调性，与理论相符。

5.2.7 剔减特征法

1. 实验内容

剔减特征法，又称顺序后退法，是特征选择次优搜索算法中的常见算法。本实验通过编写相应的 Matlab 程序，实现剔减特征法，并利用剔减特征法完成给定实验数据的特征提取工作。实验数据为三类样本点簇群，每一类含有 200 个点。三类样本分布图如图 5-15 所示。

2. 实验原理

特征选择就是从 n 个特征中选择 d（$d<n$）个最优特征构成用于模式分类的特征向量，以便压缩维数，降低模式识别系统的代价。这涉及两个问题：一是选择的方法有多种，判断选出哪一组特征是最优的，需要有一个衡量的准则，以便进行比较；二是必须要有选择特征和对特征征集进行比较的方法或算法，以便在允许的时间内找出最优的那一组。

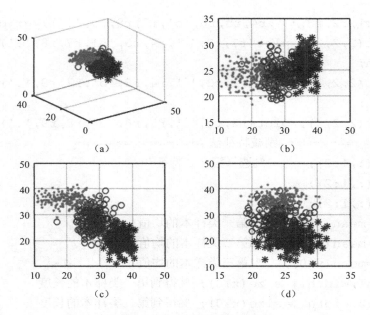

图 5-15　实验七三类样本分布图

本实验采用剔减特征法。剔减特征法是一种自上而下的方法。这种方法从全部 n 个特征开始每次删除一个特征，删除的特征应使仍然保留的特征组的 J 值最大。

同顺序前进法的过程刚好相反，剔减特征法最开始时取 $X_0 = \{x_1, \cdots, x_N\}$，每次从中剔除一个特征，使得剩余的特征可分性判据最大。

例如，若已删除了 k 个特征，整下的特征组为 X_k，将 X_k 中的 $(n-k)$ 个特征按下述 J 值的大小排队：

$$J(\overline{X_k - x_1}) \geqslant J(\overline{X_k - x_2}) \geqslant \cdots \geqslant J(\overline{X_k - x_{n-k}})$$

则下一步的特征组为 $\overline{X_{k+1}} = \overline{X_{k+x_1}}$。

剔减特征法的优点是在计算的过程中可以估计每去掉一个特征所造成的可分性的降低情况。其缺点是算法在高维空间进行，因而计算量大。

3．实验方法及程序

```
clear all; close all;
%=================导入数据，因版面限制，略=================
%=================亦可从文件导入=================
for i=1:200 r1(i)=x1(i,1);end; for i=1:200 r2(i)=x1(i,2);end; for
i=1:200 r3(i)=x1(i,3);end;
    for i=1:190 r4(i)=x2(i,1);end; for i=1:190 r5(i)=x2(i,2);end; for
i=1:190 r6(i)=x2(i,3);end;
    for i=1:210 r7(i)=x3(i,1);end; for i=1:210 r8(i)=x3(i,2);end; for
i=1:210 r9(i)=x3(i,3);end;
    figure(1); subplot(2,2,1);
```

```
plot3(r1,r2,r3,'*',r4,r5,r6,'o',r7,r8,r9,'.'); grid on;
subplot(2,2,2); plot(r1,r2,'*',r4,r5,'o',r7,r8,'.');
grid on;
subplot(2,2,3); plot(r1,r3,'*',r4,r6,'o',r7,r9,'.');
grid on;
subplot(2,2,4); plot(r2,r3,'*',r5,r6,'o',r8,r9,'.'); grid on;
%===============剔减特征法===============
x10=x1(:,1:2);          %选择第一二特征
x20=x2(:,1:2);
x30=x3(:,1:2);
mean11=mean(x10);     %第一类样本的均值
mean22=mean(x20);     %第二类样本的均值
mean33=mean(x30);     %第三类样本的均值
[length1,width1]=size(x10); %得到第一类样本的长度
[length2,width2]=size(x20); %得到第二类样本的长度
[length3,width3]=size(x30); %得到第三类样本的长度


%依据公式 依次进行特征剔减
for i=1:length1
    x11(i,:)=(x10(i,:)-mean11)*(x10(i,:)-mean11)';
end
for i=1:length2
    x21(i,:)=(x20(i,:)-mean22)*(x20(i,:)-mean22)';
end
for i=1:length3
    x31(i,:)=(x30(i,:)-mean33)*(x30(i,:)-mean33)';
end
x12=sum(x11); x22=sum(x21); x32=sum(x31);
x13=x12/length1-1;
%第一类散布矩阵
x23=x22/length2-1;
%第二类散布矩阵
x33=x32/length3-1;
%第三类散布矩阵
length0=length1+length2+length3;
%总的类内散布矩阵
%多类类内散布矩阵，是各类模式协方差矩阵的先验概率加权平均值。
SW12=x13*length1/length0+x23*length2/length0+x33*length3/length0
x=[x10;x20;x30];
```

```
mean00=mean(x);
%总体均值
x111=(mean11-mean00)*(mean11-mean00)';
x222=(mean22-mean00)*(mean22-mean00)';
x333=(mean33-mean00)*(mean33-mean00)';
%总的类间散度矩阵
SB12=x111*length1/length0+x222*length2/length0+x333*length3/length0
J212=SB12/SW12　　%选择可分判别依据，此处以1、2类为例。
一三类、二三类重复上述方法即可。
```

4．实验结果与分析

（1）实验结果

分别利用特征体检法对一二类、一三类和二三类进行运算，并计算其可分性测度如表 5-1 所示。

表 5-1　实验七结果统计

类	S_w	S_b	J_2
一二类	13.3426	44.7237	3.3519
一三类	18.7132	85.6193	4.5754
二三类	12.4136	42.9625	3.4609

（2）结果分析

从表 5-1 中的结果可以看出，最好的情况是类间距离大，类内方差小，分类好；最坏的情况是类间的距离小，类内方差大，所以选择地一三特征分类效果比较好，因为其第二类可分性测度数值最大。

5.2.8　增 l 减 r（算法）的设计/实现

1．实验内容

①学习模式识别中特征选择的基本原理。

②查阅相关资料，熟悉特征选择的常用算法，并了解其特点。

③利用 Matlab 对特征选择中的增 l 减 r 法进行研究，设计出利用该方法进行特征提取的程序。

2．实验原理

（1）特征选择

特征选择作为一种常见的降维方法是模式识别的研究热点之一，它指从原始特征集中选择使某种评估标准最优的特征子集，其目的是使选出的最优特征子集所构建的分类或回归模型达到和特征选择前近似甚至更好的预测精度。这不但提高了模型的泛化能力、可理解性和计算效率，同时可降低（维度灾难）的发生频率。要想从 n 个特征中选择 d（$d<n$）个最优特征构成用于模式分类的特征向量，往往需要涉及两个问题：一是选择的方法有很多种，判断出选择的那一组为最优特征需要一个评价的准则，以便进行比较；二是必须要有选择特征和对特征集进行比较的方法或算法，以便在有限的时间内找出最优的那一组。

（2）特征选择的方法

从 n 个特征中选择 d 个最优特征，得到的所有可能的特征子集数为：

$$Q = \frac{n!}{(n-d)!d!}$$

当 n 较大时，这种组合数会变得很大。把各种可能的特征组合的某个测度值都计算出来再加以比较，以选择最优特征组，这种方法称为穷举法。穷举法的计算量太大了，尽管它可以得到最优特征组，但实际上很难实现，因此寻找一种可行的算法十分有必要。

在本次实验中，选取增 l 减 r 法作为实验算法，并设计相关程序对其进行实践。

这种方法允许在特征选择过程中进行回溯，如果 $l>r$，则该算法是自下而上的方法。用 SFS 方法将 l 个特征加入到当前特征集中，然后再用 SBS 方法删除 r 个最差的特征。这种方法消除嵌套问题，因为某一步获得的特征集不一定是下一步特征集的子集。如果 $l<r$，则算法为自上而下的方法。从一个完全特征集开始，依次删除 r 个特征，再增加 l 个特征直到获得满足要求个数的特征。该方法实际上是 SBS 方法和 SFS 方法的一种折中，它的运算速度要比 SBS 快，运算效果要比 SFS 好。

3. 实验方法及程序

增 l 减 r 法的程序代码：

```
%---- 增 l 减 r法  特征选择
clear;
clc;
%--------特征导入
M=256;N=256;
load('mydata.mat');

feature{1}=data1(1,:)';
feature{2}=data2(1,:)';
feature{3}=data3(1,:)';
feature{4}=data4(1,:)';
feature{5}=data5(1,:)';
feature{6}=data6(1,:)';
feature{7}=data7(1,:)';
feature{8}=data8(1,:)';
feature{9}=data9(1,:)';
feature{10}=data10(1,:)';
```

```
%%%%%%%----------归一化
[m n]=size(feature{1});
for j=1:10                %一共10组特征
    mx=max(feature{j});
    mi=min(feature{j});
    mxx=(mx-mi);
    mii=ones([m n])*mi;
    feature{j}=(feature{j}-mii)./mxx;
end
ghost1=[];
for i=1:10
    ghost1=[ghost1 feature{i}];
end


%-----------------------特征选择开始
%-说明:本算法是 l>r,是自下而上的计算

l=6;r=5;d=1; %
chosen=[];%%表示已选的特征
chosen=[chosen 1];
while d<4
%-------------------------1 选 1 个特征--------------------
    for j=1:l    %选 1 个特征
        J=zeros([1 10]);
        for i=1:10   %%一共10组特征
            [mm nn]=size(chosen);
            for p=1:nn
                if i==chosen(p)
                    J(i)=0;
                    break;
                else

J(i)=J(i)-sum(sum((feature{i}-feature{chosen(p)}).^2));
                end
            end
        end
        mi=min(J);
        for i=1:10
```

```
                if J(i)==0
                    J(i)=mi;
                end
            end
        [ma1 we1]=max(J);
        chosen=[chosen we1];
    end
    %------------------------2 去掉 r 个特征--------------------

    dele=[];
    for j=1:r    %%删 r 个
        [ch chnum]=size(chosen);
      J=zeros([1 chnum]);ii=0;
      for i=1:chnum  %      去掉 chosen 中第 i 个的效果
      [mm nn]=size(chosen);
        for p=1:nn


            for q=1:nn
                if (chosen(q)~=chosen(i)) & (chosen(p)~=chosen(i))
                J(i)=J(i)-sum(sum((feature{chosen(q)}-feature
{chosen(p)}).^2));
                end
            end


        end
      end
%      mi=min(J);
        for cc=1:chnum
            if J(cc)==0
                J(cc)=mi;
            end
        end
        [ma we]=max(J);
        chosen(we)=[];
    end
    d=d+l-r
end
```

```
[mm dd]=size(chosen);
tezh=[];
for i=1:dd
    tezh=[tezh feature{chosen(i)}];
end
```

4．实验结果与分析

（1）实验结果

在原始数据中，一共选取了 10 组特征值，如图 5-16 所示。

	1	2	3	4	5	6	7	8	9	10
1	0.3260	0.2669	0.6012	0.6465	0.9764	0.1538	0.7491	0.3736	0.2699	0.1764
2	0.4693	0.1273	0.4067	1	0.6439	0.0555	0.4677	0.5723	0.5956	0.5458
3	0.7266	0.7228	0.3287	0.6016	1	1	0.6954	1	0.0022	0
4	0.5340	0.9155	0.6509	0.8165	0.5329	0.1749	0.8883	0.1757	0.0583	0.4139
5	1	0.6676	0.5330	0.2136	0.3703	0.0455	1	0.1563	0.7125	0.5711
6	0.4113	1	0.1383	0.5575	0.4241	0.2207	0.4635	0.2127	0.2294	0.5915
7	0.6188	0.6269	0	0	0.3082	0.3130	0.3972	0.4001	0.3915	0.2481
8	0.4554	0.3328	0.2912	0.9301	0.7123	0.1585	0.6530	0.2936	0.3386	0.3791
9	0.6863	0.6096	0.3414	0.6637	0.5393	0.2745	0.6944	0.1116	0.3697	0.3419
10	0.8955	0.7051	0.3000	0.5546	0.0493	0.1090	0	0.1592	0.4279	0.7250
11	0.0683	0.3237	0.4722	0.8257	0.9000	0.3123	0.5919	0.6286	1	0.4428
12	0.0440	0.4967	0.1997	0.6137	0.7115	0.2426	0.7066	0.2445	0.3456	0.2383
13	0.5556	0.3158	0.3712	0.4766	0.4499	0.1893	0.3400	0	0.0318	0.0397
14	0.5507	0.8044	0.3343	0.4707	0.3212	0	0.6956	0.8441	0.2674	0.4643
15	0	0	1	0.7281	0	0.4308	0.5939	0.3818	0	1

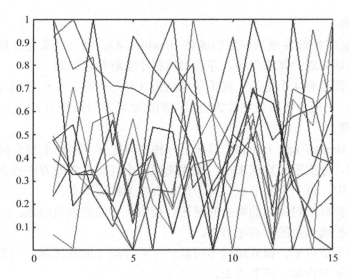

图 5-16　10 组特征值

经过特征选择后，共选取了 4 组最优特征组，如图 5-17 所示.

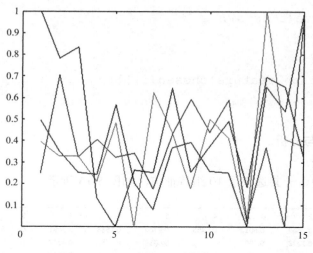

图 5-17   4 组最优特征组

（2）结果分析

由实验数据可知，经过增 l 减 r 算法后，从原始数据共 10 组特征中选择了 4 组特征构成用于模式分类的特征向量，压缩了数据的维数，降低了模式识别系统的代价。但需要注意的是，本算法所得的结果并不能保证是最优的，所得结果可能是次优的，但本算法大大减少了系统的计算量，因此比穷举法效率更高。

 ### 5.2.9   分支定界法（BAB 算法）

1. 实验内容

利用 Matlab 求解线性规划问题的函数 linprog（#），结合分支定界算法，编写出一个能解决整数线性规划问题的算法程序，并利用该程序求解背包问题。

背包问题：假设有 4 个物品，其重量分别为（4, 7, 5, 3），价值分别为（40, 42, 25, 12），背包容量 W=10。求使背包所装物品价值最高的装法以及最高价值。

2. 实验原理

分支定界（Branch and Bound）算法是一种在问题解空间树上搜索问题的解的方法。但与回溯算法不同，分支定界算法采用广度优先或最小耗费优先的方法搜索解空间树，并且，在分支定界算法中，每一个活节点只有一次机会成为扩展节点。

利用分支定界算法对问题的解空间树进行搜索，它的搜索策略是：

①产生当前扩展结点的所有子节点。

②在产生的子节点中，抛弃那些不可能产生可行解（或最优解）的节点。

③将其余的子节点加入活节点表。

④从活节点表中选择下一个活节点作为新的扩展节点。

如此循环，直到找到问题的可行解（最优解）或活节点表为空。

分支定界法是一种求解整数规划问题的最常用算法。这种方法不但可以求解纯整数规划，还可以求解混合整数规划问题。利用分支定界法求解整数规划问题的算法步骤可以归纳如下。

①求整数规划的松弛问题最优解。

②若松弛问题的最优解满足整数要求，得到整数规划的最优解，否则转下一步。

③任意选一个非整数解的变量 x_i，在松弛问题中加上约束 $x_i \leqslant [x_i]$ 及 $x_i \geqslant [x_i]+1$ 组成两个新的松弛问题，称为分支。新的松弛问题具有如下特征：当原问题是求最大值时，目标值是分支问题的上界；当原问题是求最小值时，目标值是分支问题的下界。

检查所有分支的解及目标函数值，若某分支的解是整数并且目标函数值大于（max）等于其他分支的目标值，则将其他分支剪去不再计算，若还存在非整数解并且目标值大于（max）整数解的目标值，需要继续分支，再检查，直到得到最优解。

3．实验方法及程序

实验程序：

```
function [x,flow]=myBAB (c,A,b,Aeq,beq,vlb,vub)
[x0,fval0,exitflag]=linprog (c,A,b,Aeq,beq,vlb,vub);    %求对应松
弛问题；
    disp (['x0=',num2str (x0'),',    f0=',num2str (fval0)]);
    err=1e-8;
    if (exitflag<0)
        disp ('没有可行解')
    elseif (abs (x0-round (x0))<err)
        x=x0;
        flow=fval0;
    else
        k=1;                %记录目前已经遍历到第几个分支了；
        kk=1;               %记录目前新增加的那个分支，也是目前最后的那个分支；
        flow=-inf;          %记录下界
        fsup=fval0;         %记录上界
        B (k).A=A;
        B (k).b=b;
        B (k).vlb=vlb;      %利用架构数组存放所有分支的基本数据
        B (k).x=x0;
        B (k).f=fval0;
        while ((fsup>flow) && (k<=kk))  %如果上界大于下界，并且目前求解的分
支还没有到达最后的那个分支，则继续求解，直到所有分支求解结束；
            A=B (k).A;
            b=B (k).b;
            vlb=B (k).vlb;  %提出当前待求解分支的数据
            x=B (k).x;          %其中将该分支的目标函数值作为上界，存入 fsup；
            fsup=B (k).f;
            %求整，包含下整数、上整数，下余差，上余差；
```

```
[xf,xc,x_r1,x_r2]=myfloor(x,err);
%如果某个分量下余差大于误差，说明不是整数解需要分支进行求解；
%如果所有分量下余差很小（小于误差），可以看成已经是整数解，不需要分支；
ii=find(x_r1>err);
%需要分支求解
if (~isempty(ii))
    %如果有多个分量不是整数则取这些分量中的第一个作为约束
    %将该分量的系数定为1，其余所有变量系数定为0
    %取得该分量的整数，作为边界
    %并将这些分量添加进原来的约束
    a=zeros(size(A(1,:)));
    a(ii(1))=1;
    bsup=xf(ii(1));
    A1=[A;a];
    b1=[b;bsup];
    [x1,fval1,exitflag]=linprog(c,A1,b1,Aeq,beq,vlb,vub);
    fval1=-fval1;
    %将本次求解的目标函数值与原来上界进行比较，得到新的上界；
    fsup=max(fval1,fsup);
    if (exitflag>0)
        %如果全部是整数解，记录该解并更新下界
        if (abs(x1-round(x1))<err)
            x0=x1;
            flow=fval1;
        end
%如果目标函数值小于下界，不需要进行分支，也就是 kk 不增加，
%不出现新的分支问题，也就是意味着剪枝；
%否则，不能进行剪枝，要将当前分支的基本数据存入架构数组，等待以后分支求解；
        if (fval1>flow)
        kk=kk+1;
        B(kk).A=A1;
        B(kk).b=b1;
        B(kk).vlb=vlb;
        B(kk).x=x1;
        B(kk).f=fval1;
        end
disp(['x1=',num2str(x1'),',f1=',num2str(fval1),',fsup=',num2str(fsup)]);
```

```
            end
        end
    %如果某个分量上余差大于误差，说明不是整数解，原理同上；
    %需要分支求解
    %如果有多个分量不是整数，取这些分量中的第一个，直接作为该分量的下界
即可；
    %同理，将本次求解的目标函数值与原来上界进行比较，得到新的上界；
    jj=find（x_r2>err）；
    if （~isempty（jj））
        vlb（jj（1））=xc（jj（1））；
        [x2,fval2,exitflag]=linprog（c,A,b,Aeq,beq,vlb,vub）；
        fval2=-fval2；
        fsup=max（fval2,fsup）；
        if （exitflag>0）
            if （abs（x2-round（x2））<err）      %以下原理同上；
                x0=x2；
                flow=fval2；
            end
            if （fval2>flow）
                kk=kk+1；
                B（kk）.A=A；
                B（kk）.b=b；
                B（kk）.vlb=vlb；
                B（kk）.x=x2；
                B（kk）.f=fval2；
            end
    disp(['x2=',num2str(x2'),',f2=',num2str(fval2),',fsup=',num2str
(fsup)]);
        end
    end
    k=k+1；
    end
    x=x0；
end
```

上面程序中用到的求整函数 myfloor.m 代码如下：

```
function [x_floor,x_ceil,x_residue1,x_residue2]=myfloor（x,err）
x_floor=floor（x）；
```

```
x_ceil=ceil (x);
x_residue1=x-x_floor;
x_residue2=x_ceil-x;
%精度处理
ii=find (abs (x-round (x)) <err);     %如果有些分量已经非常接近整数了，
x_floor (ii) =round (x (ii));          %则这些分量无论是下整数，还是上整数
取整为最接近的整数；
x_ceil (ii) =round (x (ii));
x_residue1 (ii) =abs (x (ii) -round (x (ii)));    %这些分量的余差同样道
理，下余差和上余差相同；
x_residue2 (ii) =x_residue1 (ii);
```

函数 myBAB.m 中的参数意义与 matlab 提供的 linprog (f,A,b,Aeq,beq,lb,ub) 函数相一致。即：

```
function [x,flow]=myBAB (c,A,b,Aeq,beq,vlb,vub)
```

输出 x，flow 分别为使得函数值最小的自变量 x 以及最小的函数取值 y；

输入 c 为函数的系数向量，A，b，Aeq，beq 分别是不等式约束条件和等式约束条件的系数矩阵，vlb，vub 分别是解的上、下界向量。

4．实验结果与分析

（1）实验结果

由问题可知：

目标函数：$Y = 40X_1 + 42X_2 + 25X_3 + 12X_4$

约束条件：$4X_1 + 7X_2 + 5X_3 + 3X_4 < 10$

由于所求为目标函数最大值，因此将目标函数系数变为其相反数，结合所装物品数量不能为负数，可以得到各输入参数如下：

c = [−40, −42, −25, −12], A = [4, 7, 5, 3], b=[10], Aeq=[ ], beq=[ ], vlb=[0;0;0;0;], vub=[ ]。

在 Matlab 中输入相应参数并调用函数得到如下结果：

```
x=
  1.0000
  0.0000
  0.0000
  2.0000
y=
  64.0000
```

（2）结果分析

由此可知当背包中放入 1 个物品一和 2 个物品四时，背包内物品总价值达到最大值 64。

第6章 模糊模式识别

模糊模式识别以模糊数学为理论基础，能对模糊事物进行识别和判断。用模糊技术来设计模式识别系统，可简化识别系统的结构，更准确地模拟人脑的思维过程，从而对客观事物进行更为有效的分类与识别。模糊模式识别是对传统模式识别方法的有用补充。本章知识结构如图6-1所示。

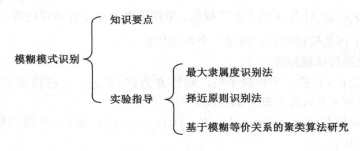

图6-1　本章知识结构

6.1　知识要点

1. 集合

在经典集合理论中，集合是指具有某种共同属性的事物的全体，即论域 E 中具有性质 P 的元素组成的总体称为集合。可记为

$$A = \{x \mid P(x)\} \tag{6.1}$$

其中，$P(x)$ 表示元素 x 具有性质 P。

对于论域 U 上的集合 A 和元素 x，如有以下函数：

$$C_A(x) = \begin{cases} 1, & x \in A \\ 0, & x \notin A \end{cases} \tag{6.2}$$

则称 $C_A(x)$ 为集合 A 的特征函数。在论域 U 上，特征函数与集合具有一一对应的关系，任一集合 A 都有唯一的特征函数 $C_A(x)$，任一特征函数 $C_A(x)$ 都唯一确定一个集合 A。由特征函数的定义可以看出，特征函数表达了元素 x 对集合 A 的隶属程度，集合 A 是由特征函数等于 1 的所有元素构成的。

2．隶属度函数

如果一个集合的特征函数 $C_A(x)$ 不是 $\{0,1\}$ 二值取值，而是在闭区间 $[0,1]$ 中取值，则 $C_A(x)$ 是表示一个对象 x 隶属于集合 A 的程度的函数，称为隶属度函数，通常记为 $\mu_A(x)$，定义为

$$\mu_A(x) = \begin{cases} 1 & x \in A \\ 0 < \mu_A(x) < 1 & x在一定程度上属于A \\ 0 & x \notin A \end{cases} \tag{6.3}$$

$\mu_A(x) = 1$ 表示元素 x 完全属于集合 A；而 $\mu_A(x) = 0$ 表示元素 x 完全不属于集合 A；$0 < \mu_A(x) < 1$ 表示 x 有属于集合 A 的可能性。因此，定义在样本空间的隶属度函数就定义了一个模糊集合 A，或者叫定义在样本空间上的一个模糊子集 A。

3．截集

截集是联系普通集合与模糊集合的桥梁，它们将模糊集合论中的问题转化为普通集合论的问题来解。设给定模糊集合 A 和论域 U，对任意 $\lambda \in [0,1]$，称普通集合 $A_\lambda = \{x \mid x \in E, \mu_A(x) \geq \lambda\}$ 为 A 的 λ 水平截集。模糊子集本身没有确定边界，其 λ 水平截集有确定边界，并且不再是模糊集合，而是一个确定集合。

4．模糊关系与模糊矩阵

如关系 R 是 $U \times V$ 的一个模糊子集，则称 R 为 $U \times V$ 的一个模糊关系，其隶属度函数记为 $\mu_R(x, y)$，表示 x, y 具有关系 R 的程度。

对于有限论域 $U = \{x_1, x_2, \cdots, x_m\}$，$V = \{y_1, y_2, \cdots, y_n\}$，则 $U \times V$ 的模糊关系 R 可用一个 $m \times n$ 的矩阵来表示

$$R = \begin{bmatrix} \mu_R(x_1, y_1) & \mu_R(x_2, y_1) & \cdots & \mu_R(x_m, y_1) \\ \mu_R(x_1, y_2) & \mu_R(x_2, y_2) & \cdots & \mu_R(x_m, y_2) \\ \vdots & \vdots & \vdots & \vdots \\ \mu_R(x_1, y_n) & \mu_R(x_2, y_n) & \cdots & \mu_R(x_m, y_n) \end{bmatrix} \tag{6.4}$$

该矩阵称为模糊矩阵。

5．最大隶属度识别

设 $A_1, A_2, \cdots, A_n$ 是 U 中的 n 个模糊子集，且对每一 A_i 均有隶属度函数 $\mu_i(x)$，x_0 为 U 中的任一元素，若有隶属度函数

$$\mu_i(x_0) = \max\left[\mu_1(x_0), \mu_2(x_0), \cdots, \mu_n(x_0)\right] \tag{6.5}$$

则 $x_0 \in A_i$。

若已确定了隶属度函数 $\mu(x)$，把隶属度函数作为判别函数使用即可，因此此法的关键是确定隶属度函数。在此情形下，论域 U 中的每一个元素代表了样本的一种取值情况，而集合 A_i 代表了不同的类别。

6．贴近度

贴近度是两个模糊子集间互相靠近的程度，可以将其引入到模式识别。设 A, B 为 U 上的两个模糊子集，它们之间的贴近度定义为

$$\sigma(A,B) = \frac{\sum\limits_{x \in U}\left(\mu_A(x) \wedge \mu_B(x)\right)}{\sum\limits_{x \in U}\left(\mu_A(x) \vee \mu_B(x)\right)} \qquad (6.6)$$

式中，符号 $\wedge$ 表示最大，符号 $\vee$ 表示最小。

7. 择近原则识别法

设 U 上有 n 个模糊子集 $A_1,A_2,\cdots,A_n$ 及另一模糊子集 B，若贴近度

$$\sigma(B,A_i) = \max_{1 \leqslant j \leqslant n} \sigma(B,A_j) \qquad (6.7)$$

则称 B 与 A_i 最贴近，则 B 属于 A_i 类。在该方法中样本和类都用模糊子集来表示，取值范围 U 中的每个元素代表了一个特征维度。

8. 模糊等价关系

设 R 是 $U = \{x_1,x_2,\cdots,x_n\}$ 上一个模糊关系，若满足

①自反性：$\mu_R(x,x)=1$。

②对称性：$\mu_R(x_i,x_j)=\mu_R(x_j,x_i)$。

③传递性：对于任意 $x_j \in U$，有 $\mu_R(x_i,x_k) \geqslant \bigvee\limits_{k=1}^{n}\left(\mu_R(x_i,x_j) \wedge \mu_R(x_j,x_k)\right)$。

则称 R 是 U 上一个模糊等价关系。模糊等价关系具有传递闭包性，R 的传递闭包记为 $t(R)$。不具有传递性的模糊关系称为模糊相似关系，可通过求 $R,R^2,R^4,R^8,\cdots,R^{2i}$ 来获得一个逼近模糊等价关系的模糊关系。当第一次出现 $R^k \circ R^k = R^k$ 时，那么 R^k 就是传递闭包 $t(R)$。

6.2　实验指导

6.2.1　最大隶属度识别法

1. 实验内容

考虑一个服装评判的问题，为此建立因素集 $U=\{u_1,u_2,u_3,u_4\}$，其中 u_1 表示花色，u_2 表示式样，u_3 表示耐穿程度，u_4 表示价格；建立评判集 $V=\{v_1,v_2,v_3,v_4\}$，其中 v_1 表示很欢迎，v_2 表示较欢迎，v_3 表示不太欢迎，v_4 表示不欢迎。选择适当的模型，然后根据单因素评判矩阵进行运算。得出所有隶属度后，再根据最大隶属度原则进行判断。

2. 实验原理

若对论域（研究的范围）U 中的任一元素 x，都有一个数 $A(x) \in [0,1]$ 与之对应，则称 A 为 U 上的模糊集，$A(x)$ 称为 x 对 A 的隶属度。当 x 在 U 中变动时，$A(x)$ 就是一个函数，称为 A 的隶属函数。隶属度 $A(x)$ 越接近于 1，表示 x 属于 A 的程度越高，$A(x)$ 越接近于 0 表示 x 属于 A 的程度越低。用取值于区间[0,1]的隶属函数 $A(x)$ 表征 x 属于 A 的程度高低，这样描述模糊性问题比起经典集合论更为合理。隶属度属于模糊评价函数里的概念：模糊综合评价是对受多种因素影响的事物作出全面评价的一种十分有效的多因素决策方法，其特点是评价结果不是绝对地肯定或否定，而是以一个模糊集合来表示。

　　隶属度函数是模糊控制的应用基础，正确构造隶属度函数是能否用好模糊控制的关键之一。模糊综合评价是应用模糊变换原理，考虑与评价对象相关的各种因素，对其所作的综合评价。

　　其基本原理是：

①根据评价的标准构造多个隶属函数。

②通过评测指标在各个隶属函数中对应的程度不同（隶属度不同），可以形成一个模糊关系矩阵。

③构造权重系数矩阵。

④将权重系数模糊矩阵和模糊关系矩阵通过模糊运算，最终就可以得到综合指标对各个评价等级的隶属度矩阵。

　　通常根据最大隶属度原则，在最后的隶属度矩阵中，综合指标对哪个评价等级的隶属度更高，那么就将其所要评价的目标定为该评价等级。

3．实验方法及程序

（1）函数 fuzzy_zhpj（根据输入的参数选择模型并进行隶属度运算）

```
function[B]=fuzzy_zhpj(model,A,R)  %模糊综合评判
B=[];
[m,s1]=size(A);
[s2,n]=size(R);
if(s1~=s2)
    disp('A 的列不等于 R 的行');
else
    if(model==1)                    %主因素决定型
        for(i=1:m)
            for(j=1:n)
                B(i,j)=0;
                for(k=1:s1)
                    x=0;
                    if(A(i,k)<R(k,j))
                        x=A(i,k);
                    else
                        x=R(k,j);
                    end
                    if(B(i,j)<x)
                        B(i,j)=x;
                    end
                end
            end
        end
```

```
        end
elseif(model==2)                        %主因素突出型
    for(i=1:m)
        for(j=1:n)
            B(i,j)=0;
            for(k=1:s1)
                x=A(i,k)*R(k,j);
                if(B(i,j)<x)
                    B(i,j)=x;
                end
            end
        end
    end
elseif(model==3)                        %加权平均型
        for(i=1:m)
            for(j=1:n)
                B(i,j)=0;
                for(k=1:s1)
                    B(i,j)=B(i,j)+A(i,k)*R(k,j);
                end
            end
        end
 elseif(model==4)                       %取小上界和型
        for(i=1:m)
            for(j=1:n)
                B(i,j)=0;
                for(k=1:s1)
                    x=0;
                    x=min(A(i,k),R(k,j));
                    B(i,j)=B(i,j)+x;
                end
                B(i,j)=min(B(i,j),1);
            end
        end
   elseif(model==5)                     %均衡平均型
        C=[];
        C=sum(R);
        for(j=1:n)
```

```
            for(i=1:s2)
                R(i,j)=R(i,j)/C(j);
            end
        end
        for(i=1:m)
            for(j=1:n)
                B(i,j)=0;
                for(k=1:s1)
                    x=0;
                    x=min(A(i,k),R(k,j));
                    B(i,j)=B(i,j)+x;
                end
            end
        end
    else
        disp('模型赋值不当');
    end
end
End
```

（2）主函数（进行数据输入及模型选择）

```
function Example8_4
A1=[0.1 0.2 0.3 0.4];
A2=[0.4 0.35 0.15 0.1];
R=[0.2 0.5 0.2 0.1;
   0.7 0.2 0.1 0;
   0 0.4 0.5 0.1;
   0.2 0.3 0.5 0];
fuzzy_zhpj(1,A1,R)
fuzzy_zhpj(1,A2,R)
end
```

4．实验结果与分析

我们输入两组数据 A_1 和 A_2 还有单因素判断矩阵 R；然后选择了模型"1"，也就是用主因素决定型模型进行判定。程序里面还写了主因素突出型、加权平均型、取小上界和型均衡平均型等模型，可以按自己需求更改，结果如图 6-2 所示。

```
>> Example8_4

    ans =

        0.200000000000000    0.300000000000000    0.400000000000000    0.100000000000000


    ans =
    |
        0.350000000000000    0.400000000000000    0.200000000000000    0.100000000000000
```

图 6-2 程序运行结果图

评判集 $V=\{v_1,v_2,v_3,v_4\}$，其中 v_1 表示很欢迎，v_2 表示较欢迎，v_3 表示不太欢迎，v_4 表示不欢迎。由图中的评判集可以得出数据 A_1 的隶属度 V_3 最大，表明不太受欢迎。而 A_2 的隶属度 V_2 最大，说明较受欢迎。

 ### 6.2.2 择近原则识别法

1. 实验内容

本实验的主要内容是使用 Matlab 软件实现模糊模式识别中的择近原则识别法，自拟例子对其进行择近原则识别法的运用。

2. 实验原理

已知某类事物的若干标准特征，现有这类事物的一个具体对象，欲把其归入哪一类的问题就是模型识别的问题。设在论域 $U=\{x_1,x_2,x_3,\cdots,x_n\}$（$n \in N^*$）上有 m 个模糊子集 $A_1,A_2,\cdots,A_m$（m 个模型）构成了标准模型库，被识别的对象 B 也是一个模糊集。B 与 $A_i(i=1, 2,\cdots,m,\ m \in N^*)$ 中的那个最贴近就是模糊集对标准模糊集的识别问题，这就引出贴近度的问题。

格运算和贴近度在模糊集合中规定两种运算 "$\vee$" 和 "$\wedge$"；$a \vee b = \sup\{a,b\}$，$a \wedge b = \inf\{a,b\}$，称为模糊集合的格运算。在论域 U 上，设 $A,B \in U$，则有 $A \otimes B = \bigwedge_{u \in U}(u_A(u) \vee u_B(u))$ 为 A 与 B 的内积；$A \otimes B = \bigvee_{u \in U}(u_A(u) \wedge u_B(u))$ 的外积。得到 A 和 B 格贴近度的公式如下：

$$\eta(A,B) = \frac{1}{2}[A \cdot B + (1 - A \otimes B)] \tag{6.8}$$

式中，$\eta(A,B)$ 表示 A 和 B 的贴近度，$\eta(A,B)$ 越大则说明模糊集 A 和 B 越贴近，由此推出择近原则。

3. 实验方法及程序

（1）建立等级标准库及各参数权重确定

设某类事物有 6 个标准，影响各标准的特征量分别为 x_1,x_2,x_3,x_4,x_5,x_6，建立各级别的标准库见表 6-1（以烟叶等级为标准）。

表 6-1　某类事物的标准模型库

级　别	x_1	x_2	x_3	x_4	x_5	x_6
标准 1	188.38	137.19	49.69	37.7737	0.7388	973.3101
标准 2	186.98	134.26	47.28	37.3283	0.7333	925.2059
标准 3	194.08	142.38	52.06	38.1289	0.7611	844.5748
标准 4	176.24	122.21	43.34	35.5251	0.6911	955.8551
标准 5	193.01	142.10	52.78	38.2116	0.7569	902.0140
标准 6	192.62	143.76	52.73	38.9992	0.7554	777.0734

各项特征参数的含义为：x_1=红色分量、x_2=绿色分量、x_3=蓝色分量、x_4=色调、x_5=亮度、x_6=长度，由于各特征参数影响该标准的程度不同，所以在实际操作中，其权重也不同。依靠专家经验法给定烟叶分级的权重系数。分配权重如下：长度权重为 0.35，色调权重为 0.21，亮度权重为 0.07，红色分量权重为 0.18，绿色分量权重为 0.15，蓝色分量权重为 0.13。权重矩阵为 ω =[0.18,0.15,0.13,0.21,0.07,0.26]。

建立等级标准库及各权重的代码为：（fuzzy_zjd.m）

```
%建立标准库
X=[188.38,137.19,49.69,37.7737,0.7388,973.3101;%标准 1 各项数据
    186.98,134.26,47.28,37.3283,0.7333,925.2059;%标准 2 各项数据
    194.08,142.38,52.06,38.1289,0.7611,844.5748;%标准 3 各项数据
    176.24,122.21,43.34,35.5251,0.6911,995.8551;%标准 4 各项数据
    193.01,142.10,52.78,38.2116,0.7569,902.0140;%标准 5 各项数据
    192.62,143.76,52.73,38.9992,0.7554,777.0734];%标准 6 各项数据
%各标准对应权重大小
W=[0.18,0.15,0.13,0.21,0.07,0.26]
```

（2）标准库数据、待测样本数据归一化处理

由于各特征向量的量纲不同，为方便计算，对表 6-1 中的数据进行归一化处理，以减少运算时间。

$$r_{ij} = \frac{u_{ij}}{\sum_{j=1}^{n} u_{ij}}(i, j = 1, 2, \cdots, 6) \tag{6.9}$$

式中，u_{ij} 表示第 i 级别中第 j 个特征参数的指标值。

数据归一化处理代码为：（Normalize.m）
```
%归一化处理函数
function [Y] = Normalize(X)
[a,b]=size(X);
```

```
Y=zeros(a,b);
z=sum(X,2); %矩阵按行求和
for i=1:a
    for j=1:b
        Y(i,j)=X(i,j)/z(i); %各组元素归一化处理
    end
end
disp(Y) %输出归一化后的数据
end
```

逐一计算待测样本与标准库各标准的格贴近度的代码为：（Lattice_d.m）

```
%贴近度计算函数
function [Z] = Lattice_d(W,X,Y)
Z=[];
[a,b]=size(X);
%按行进行格贴近度计算
  for(i=1:a)
    x=max(W.*min(Y,X(i,:))); %两矩阵的内积
    y=min(W.*max(Y,X(i,:))); %两矩阵的外积
    Z(1,i)=(x+(1-y))/2; %将各贴近度写成一维矩阵
  end
  disp(Z); %输出各贴近度的值
end
```

根据待测样本与标准库各标准的格贴近度，将其归类，其代码为：（fuzzy_zjd.m）

```
%计算带识别物品与各标准的格贴近度
Z=Lattice_d(W,X1,Y1);
%判断待识别样品贴近第几个标准
[rows,cols]=find(Z==max(max(Z)));
fprintf('该物品属于标准');disp(cols); %输出结果
```

4．实验结果与分析

由图 6-3～图 6-5 可知，待识别样本与标准库中标准 1、标准 2、标准 3、标准 4、标准 5 和标准 6 的贴近度分别为 0.5912、0.5903、0.5863、0.5942、0.5882、0.5837。待识别样本与标准 4 的贴近度的值最大，根据择近原则可知待识别样本与标准 4 最接近，其极可能属于标准 4。

```
>> fuzzy_zjd
标准数据归一化
    0.1358    0.0989    0.0358    0.0272    0.0005    0.7017
    0.1404    0.1008    0.0355    0.0280    0.0006    0.6947
    0.1526    0.1119    0.0409    0.0300    0.0006    0.6640
    0.1283    0.0890    0.0315    0.0259    0.0005    0.7249
    0.1452    0.1069    0.0397    0.0288    0.0006    0.6788
    0.1597    0.1192    0.0437    0.0323    0.0006    0.6444


待识别样品数据归一化
    0.1267    0.0887    0.0316    0.0251    0.0005    0.7274
```

图 6-3　归一化处理结果

```
待识别样本与各标准的贴近度
    0.5912    0.5903    0.5863    0.5942    0.5882    0.5837
```

图 6-4　各贴近度计算结果

该物品属于标准　　　4

图 6-5　待测样本归类结果

6.2.3　基于模糊等价关系的聚类算法研究

1．实验内容

认真学习并掌握模糊聚类分析的基本概念及原理，理解并掌握如何使用基于模糊等价关系的聚类法进行模式分类。选用合适的数据，运用 Matlab 软件，编写基于模糊等价关系聚类的 Matlab 算法进行仿真，对数据进行分类，观察并分析仿真结果。具体实验内容如下：

①选取合适的数据，建立模糊关系，生成相应的模糊矩阵。

②利用所得模糊矩阵生成模糊等价矩阵。

③选取不同的 λ 值，对数据进行分类，观察并比较结果。

2．实验原理

（1）掌握相关概念及原理

- 模糊相似关系与模糊相似矩阵

若 $\tilde{R}$ 是 $X \times X$ 中各元素之间的模糊关系，且满足：

- 自反性：$R(x, x) = 1$；
- 对称性：$R(x, y) = R(y, x)$。

则称模糊关系 $\tilde{R}$ 是 $X \times X$ 中的一个模糊相似关系。当论域 $X = \{x_1, x_2, \cdots, x_n\}$ 有限时，$X \times X$ 中的一个模糊相似关系 $\tilde{R}$ 对应的模糊矩阵 R 就是模糊相似矩阵。即矩阵 R 满足：

- 自反性：$r_{ii} = 1$，$i = 1, 2, \cdots, n$；
- 对称性：$r_{ij} = r_{ji}$，$i, j = 1, 2, \cdots, n$。

- 模糊等价关系与模糊等价矩阵

若模糊关系 $\tilde{R}$ 除了满足自反性和对称性，还满足传递性，即：对 $\forall(x,y)$，(y,z)，$(x,z) \in X \times X$，存在 $u_{\tilde{R}}(x,y) \geqslant \lambda$，$u_{\tilde{R}}(y,z) \geqslant \lambda$ 时，$u_{\tilde{R}}(x,z) \geqslant \lambda$ 成立，则称 $\tilde{R}$ 满足传递性，其对应模糊矩阵为模糊等价矩阵 R，R 必是方阵，满足 $R \circ R \subseteq R$。

- λ 截矩阵

对任意的 $\lambda \in [0,1]$，称 $R_{\lambda} = (r_{ij}^{\lambda})$ 为模糊矩阵 R 的 λ 截矩阵，其中：当 $r_{ij} \geqslant \lambda$ 时，$r_{ij}^{\lambda} = 1$；当 $r_{ij} < \lambda$ 时，$r_{ij}^{\lambda} = 0$。显然，R 的 λ 截矩阵为布尔矩阵。

（2）选取合适数据，建立原始数据矩阵

现实生活中，关于人体的胖瘦程度没有精确的描述方法。每个人的体型可以用身高（单位：cm）和体重（单位：kg）来表征，人的胖瘦程度可以综合根据体重和身高来近似判断。本实验选取 7 个人的身高和体重数据，用基于模糊等价的聚类法对 7 个人进行分类。假设 7 个人分别用 $x_1, x_2, x_3, x_4, x_5, x_6, x_7$ 表示，其身高和体重数据如表 6-2 所示。

表 6-2　选取的身高和体重原始数据

特　征　＼　分类对象	身　高（cm）	体　重（kg）
x_1	170	58
x_2	172	60
x_3	173	62
x_4	155	68
x_5	158	70
x_6	179	56
x_7	182	58

原始数据矩阵 X 为：

$$X = \begin{bmatrix} 170 & 58 \\ 172 & 60 \\ 173 & 62 \\ 155 & 68 \\ 158 & 70 \\ 179 & 56 \\ 182 & 58 \end{bmatrix}$$

（3）建立模糊关系

在选定统计指标，建立原始数据矩阵后，就要建立模糊关系。建立模糊关系的步骤如下。

第一步：正规化，对统计指标数据进行标准化，以便进行分析和比较。本实验采用极值标准化公式对数据进行标准化，即：

$$x = \frac{x' - x'_{\min}}{x'_{\max} - x'_{\min}} \tag{6.10}$$

第二步：算出被分类对象间具有此种关系的程度 r_{ij}，其中 $i,j=1,2,\cdots,n$，n 为对象个数，建立论域上的模糊矩阵 $\boldsymbol{R}$。计算 r_{ij} 的方法有许多种，本实验采用欧氏距离法：

$$r_{ij} = 1 - c\sqrt{\sum_{k=1}^{m}\left(x_{ik} - x_{jk}\right)^2} \qquad (6.11)$$

式中，c 为常数，可适当选取。

（4）生成模糊等价矩阵，利用 λ 截矩阵进行分类

在实际问题中建立的模糊关系，多数情况下都是相似关系，即生成的模糊矩阵是模糊相似矩阵。而给定一个模糊相似矩阵就可以生成一个模糊等价矩阵，只需对模糊相似矩阵 $\boldsymbol{R}$ 逐步平方，直至 $\boldsymbol{R}^{2k} = \boldsymbol{R}^{k}$ 为止，则 $\boldsymbol{R}^{k}$ 为模糊等价矩阵。所以，建立模糊关系后，分类步骤如下：

第一步：根据建立的模糊相似矩阵求模糊等价矩阵；

第二步：选取 λ 值，得到 λ 截矩阵，进行分类。

3. 实验方法及程序

①数据标准化函数 Normalization 函数代码如下：

```
%%%%%%%数据标准化函数 Normalization%%%%%%%%%
function [Y]=Normalization(X)
[a,b]=size(X);
G=max(X); %列的最大值向量
H=min(X); %列的最小值向量
Y=zeros(a,b); %生成相应零矩阵
for i=1:a
    for j=1:b
        Y(i,j)=(X(i,j)-H(j))/(G(j)-H(j)); %极值标准化公式进行数据标准化
    end
end
fprintf('标准化矩阵如下：Y=\n');
disp(Y)
end
```

②生成模糊相似矩阵 getSimilarMatrix 函数代码如下：

```
%%%%%%生成模糊相似矩阵函数 getSimilarMatrix%%%%%%%%%%
function [R]=getSimilarMatrix(Y,c)
[a,b]=size(Y);
Z=zeros(a);
R=zeros(a);
for i=1:a
```

```
    for j=1:a
        for k=1:b
            Z(i,j)=Z(i,j)+(Y(i,k)-Y(j,k))^2;   %欧氏距离法建立模糊关系
        end
        Z(i,j)=sqrt(Z(i,j));
        R(i,j)=1-c*Z(i,j);   %计算 R(i,j)
    end
end
fprintf('模糊相似矩阵：R=\n');
disp(R)
end
```

③生成模糊等价矩阵 getEqualMatrix 函数代码如下：

```
%%%%%%%生成模糊等价矩阵函数 getEqualMatrix%%%%%%%
function [C]=getEqualMatrix(R)
a=size(R);
B=zeros(a);
flag=0;
while flag==0   %开始循环找模糊等价矩阵
for i= 1: a
    for j= 1: a
        for k=1:a
        C(i,j) = max(min(R(i,k),R( k,j)),C(i,j)) ;   %R 与自身进行合成运算，
先取小再取大
        end
    end
end
if C==R
    fprintf('模糊等价矩阵：C=\n');
    disp(C);
    flag=1;
else
    R=C;   %循环计算，直到 R^2k 等于 R^k 为止，R^k 就是模糊等价矩阵
 end
end
```

④生成 λ 截矩阵 lamdaCutMatrix 函数代码如下：

```
%%%%%%%生成 lamda 截矩阵函数 lamdaCutMatrix%%%%%%
function [E] =lamdaCutMatrix(B,lamda)
L=lamda;
a=size(B);
E=zeros(a);
    for i=1:a
        for j=1:a
            if B(i,j)>=lamda
                E(i,j)=1;    %大于等于 lamda 等于 1
            else E(i,j)=0;   %小于 lamda 等于 0
             end
        end
    end
fprintf('当分类系数 lamda=%f\n',L);
fprintf('所得截距阵为:\n');
disp(E);
end
```

⑤主程序 Julei.m 代码如下：

```
%%%%%%%主程序%%%%%%%
clear all
X=[170,58;
   172,60;
   173,62;
   155,68;
   158,70;
   179,56;
   182,58]  %原始数据矩阵
Y=Normalization(X);  %对原始数据进行标准化
R=getSimilarMatrix(Y,0.1);  %建立模糊关系,生成模糊相似矩阵
C=getEqualMatrix(R)  %生成模糊等价矩阵
lamdaCutMatrix(C,0.9810)  %生成 lamda 截矩阵
```

4. 实验结果及分析

在 Matlab 上执行主程序 Julei.m，得到如下结果。

①原始数据矩阵和标准化矩阵如图 6-6 所示。

```
>> Julei

X =

       170      58
       172      60
       173      62
       155      68
       158      70
       179      56
       182      58


标准化矩阵如下：Y=
     0.5556     0.1429
     0.6296     0.2857
     0.6667     0.4286
          0     0.8571
     0.1111     1.0000
     0.8889          0
     1.0000     0.1429
```

图 6-6　原始数据矩阵和标准化矩阵

②模糊相似矩阵如图 6-7 所示。

```
模糊相似矩阵：R=
   1.0000   0.9839   0.9693   0.9095   0.9034   0.9637   0.9556
   0.9839   1.0000   0.9852   0.9150   0.9117   0.9614   0.9603
   0.9693   0.9852   1.0000   0.9207   0.9203   0.9517   0.9561
   0.9095   0.9150   0.9207   1.0000   0.9819   0.8765   0.8771
   0.9034   0.9117   0.9203   0.9819   1.0000   0.8733   0.8765
   0.9637   0.9614   0.9517   0.8765   0.8733   1.0000   0.9819
   0.9556   0.9603   0.9561   0.8771   0.8765   0.9819   1.0000
```

图 6-7　模糊相似矩阵

③模糊等价矩阵如图 6-8 所示。

```
模糊等价矩阵：C=
   1.0000   0.9839   0.9839   0.9207   0.9207   0.9637   0.9637
   0.9839   1.0000   0.9852   0.9207   0.9207   0.9637   0.9637
   0.9839   0.9852   1.0000   0.9207   0.9207   0.9637   0.9637
   0.9207   0.9207   0.9207   1.0000   0.9819   0.9207   0.9207
   0.9207   0.9207   0.9207   0.9819   1.0000   0.9207   0.9207
   0.9637   0.9637   0.9637   0.9207   0.9207   1.0000   0.9819
   0.9637   0.9637   0.9637   0.9207   0.9207   0.9819   1.0000
```

图 6-8　模糊等价矩阵

④当取 lamdaCutMatrix(C,lamda) 函数的 lamda=0.9207，即 λ 截矩阵的 λ=0.9207 时，Matlab 所得 λ 截矩阵如图 6-9 所示。

1.0000	0.9839	0.9839	0.9207	0.9207	0.9637	0.9637
0.9839	1.0000	0.9852	0.9207	0.9207	0.9637	0.9637
0.9839	0.9852	1.0000	0.9207	0.9207	0.9637	0.9637
0.9207	0.9207	0.9207	1.0000	0.9819	0.9207	0.9207
0.9207	0.9207	0.9207	0.9819	1.0000	0.9207	0.9207
0.9637	0.9637	0.9637	0.9207	0.9207	1.0000	0.9819
0.9637	0.9637	0.9637	0.9207	0.9207	0.9819	1.0000

当分类系数 lamda=0.920700
所得截距阵为：

1	1	1	1	1	1	1
1	1	1	1	1	1	1
1	1	1	1	1	1	1
1	1	1	1	1	1	1
1	1	1	1	1	1	1
1	1	1	1	1	1	1
1	1	1	1	1	1	1

图 6-9 λ=0.9207 对应截矩阵

可见，λ=0.9207 时，7 个人的体型分为 1 类。

当取 λ 截矩阵的 λ=0.9637 时，Matlab 所得 λ 截矩阵如图 6-10 所示。

1.0000	0.9839	0.9839	0.9207	0.9207	0.9637	0.9637
0.9839	1.0000	0.9852	0.9207	0.9207	0.9637	0.9637
0.9839	0.9852	1.0000	0.9207	0.9207	0.9637	0.9637
0.9207	0.9207	0.9207	1.0000	0.9819	0.9207	0.9207
0.9207	0.9207	0.9207	0.9819	1.0000	0.9207	0.9207
0.9637	0.9637	0.9637	0.9207	0.9207	1.0000	0.9819
0.9637	0.9637	0.9637	0.9207	0.9207	0.9819	1.0000

当分类系数 lamda=0.963700
所得截距阵为：

1	1	1	0	0	1	1
1	1	1	0	0	1	1
1	1	1	0	0	1	1
0	0	0	1	1	0	0
0	0	0	1	1	0	0
1	1	1	0	0	1	1
1	1	1	0	0	1	1

图 6-10 λ=0.9637 对应截矩阵

λ =0.9637 时，7 个人的体型分为 2 类：$\{x_1, x_2, x_3, x_6, x_7\}, \{x_4, x_5\}$

当取 λ 截矩阵的 λ =0.9819 时，Matlab 所得 λ 截矩阵如图 6-11 所示。

1.0000	0.9839	0.9839	0.9207	0.9207	0.9637	0.9637
0.9839	1.0000	0.9852	0.9207	0.9207	0.9637	0.9637
0.9839	0.9852	1.0000	0.9207	0.9207	0.9637	0.9637
0.9207	0.9207	0.9207	1.0000	0.9819	0.9207	0.9207
0.9207	0.9207	0.9207	0.9819	1.0000	0.9207	0.9207
0.9637	0.9637	0.9637	0.9207	0.9207	1.0000	0.9819
0.9637	0.9637	0.9637	0.9207	0.9207	0.9819	1.0000

当分类系数 lamda=0.981900
所得截距阵为：

1	1	1	0	0	0	0
1	1	1	0	0	0	0
1	1	1	0	0	0	0
0	0	0	1	1	0	0
0	0	0	1	1	0	0
0	0	0	0	0	1	1
0	0	0	0	0	1	1

图 6-11　λ =0.9819 对应截矩阵

λ =0.9819 时，7 个人的体型分为 3 类：$\{x_1, x_2, x_3\}, \{x_4, x_5\}, \{x_6, x_7\}$。

当取 λ 截矩阵的 λ =0.9839 时，Matlab 所得 λ 截矩阵如图 6-12 所示。

1.0000	0.9839	0.9839	0.9207	0.9207	0.9637	0.9637
0.9839	1.0000	0.9852	0.9207	0.9207	0.9637	0.9637
0.9839	0.9852	1.0000	0.9207	0.9207	0.9637	0.9637
0.9207	0.9207	0.9207	1.0000	0.9819	0.9207	0.9207
0.9207	0.9207	0.9207	0.9819	1.0000	0.9207	0.9207
0.9637	0.9637	0.9637	0.9207	0.9207	1.0000	0.9819
0.9637	0.9637	0.9637	0.9207	0.9207	0.9819	1.0000

当分类系数 lamda=0.983900
所得截距阵为：

1	1	1	0	0	0	0
1	1	1	0	0	0	0
1	1	1	0	0	0	0
0	0	0	1	0	0	0
0	0	0	0	1	0	0
0	0	0	0	0	1	0
0	0	0	0	0	0	1

图 6-12　λ =0.9839 对应截矩阵

λ =0.9839 时，7 个人的体型分为 5 类：$\{x_1, x_2, x_3\}, \{x_4\}, \{x_5\}, \{x_6\}, \{x_7\}$。

当取 λ 截矩阵的 λ =0.9852 时，Matlab 所得 λ 截矩阵如图 6-13 所示。

```
1.0000    0.9839    0.9839    0.9207    0.9207    0.9637    0.9637
0.9839    1.0000    0.9852    0.9207    0.9207    0.9637    0.9637
0.9839    0.9852    1.0000    0.9207    0.9207    0.9637    0.9637
0.9207    0.9207    0.9207    1.0000    0.9819    0.9207    0.9207
0.9207    0.9207    0.9207    0.9819    1.0000    0.9207    0.9207
0.9637    0.9637    0.9637    0.9207    0.9207    1.0000    0.9819
0.9637    0.9637    0.9637    0.9207    0.9207    0.9819    1.0000
```

```
当分类系数 lamda=0.985200
所得截距阵为:
    1    0    0    0    0    0    0
    0    1    1    0    0    0    0
    0    1    1    0    0    0    0
    0    0    0    1    0    0    0
    0    0    0    0    1    0    0
    0    0    0    0    0    1    0
    0    0    0    0    0    0    1
```

图 6-13 $\lambda = 0.9852$ 对应截矩阵

$\lambda = 0.9852$ 时,7 个人的体型分为 6 类:$\{x_1\}, \{x_2, x_3\}, \{x_4\}, \{x_5\}, \{x_6\}, \{x_7\}$。

当取 λ 截矩阵的 $\lambda = 1$ 时,Matlab 所得 λ 截矩阵如图 6-14 所示。

```
1.0000    0.9839    0.9839    0.9207    0.9207    0.9637    0.9637
0.9839    1.0000    0.9852    0.9207    0.9207    0.9637    0.9637
0.9839    0.9852    1.0000    0.9207    0.9207    0.9637    0.9637
0.9207    0.9207    0.9207    1.0000    0.9819    0.9207    0.9207
0.9207    0.9207    0.9207    0.9819    1.0000    0.9207    0.9207
0.9637    0.9637    0.9637    0.9207    0.9207    1.0000    0.9819
0.9637    0.9637    0.9637    0.9207    0.9207    0.9819    1.0000
```

```
当分类系数 lamda=1.000000
所得截距阵为:
    1    0    0    0    0    0    0
    0    1    0    0    0    0    0
    0    0    1    0    0    0    0
    0    0    0    1    0    0    0
    0    0    0    0    1    0    0
    0    0    0    0    0    1    0
    0    0    0    0    0    0    1
```

图 6-14 $\lambda = 1$ 对应截矩阵

$\lambda = 1$ 时,7 个人的体型分为 7 类:$\{x_1\}, \{x_2\}, \{x_3\}, \{x_4\}, \{x_5\}, \{x_6\}, \{x_7\}$。

由实验结果可见,所写 MATLAB 程序能根据原始数据矩阵正确得出模糊相似矩阵和模糊等价矩阵。并且可以根据 λ 截矩阵进行分类,同时,通过实验结果可以发现,不同的 λ 值会得出不同的分类效果。当然,哪种分类效果最好,即最佳阈值 λ,需要按照实际需要去确定。

第7章 神经网络在模式识别中的应用

模式识别系统除了对信息进行分析和处理，另一个重要的功能是对人类感知能力的模仿，即获取类似于人类所具有的智能识别和判断能力。而人类智能活动的物质基础是大脑的神经系统，如果能够模拟人类大脑神经系统的工作机理，并将其应用到模式识别系统中，其识别效果可能会优于传统的模式识别方法。人工神经网络和近年来兴起的深度学习的研究正是在这方面所进行的探索。本章知识结构如图 7-1 所示。

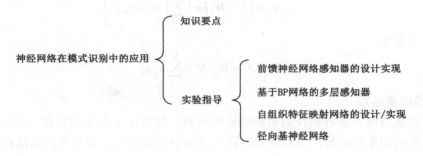

图 7-1 本章知识结构

7.1 知识要点

1. 人工神经元

神经元可以有 N 个输入 $x_1, x_2, \cdots, x_N$，每个输入端与神经元之间有连接权值 $w_1, w_2, \cdots, w_N$，神经元总的输入为对每个输入的加权求和，同时减去阈值 θ，即

$$u = \sum_{i=1}^{N} w_i x_i - \theta \tag{7.1}$$

神经元的输出 y 是对 u 的映射

$$y = f(u) = f\left(\sum_{i=1}^{N} w_i x_i - \theta\right) \tag{7.2}$$

$f(\ )$ 称为激励函数，可以有很多形式，可为简单的线性函数，也可以是具有任意阶导数的非线性函数。当 $f(\ )$ 为阈值函数时，神经元就可以看作一个线性分类器。

$$f(x) = \begin{cases} 1, & x > 0 \\ 0, & x \leqslant 0 \end{cases} \tag{7.3}$$

2．感知器

感知器实际上是一个两层前馈网络，第一层为输入层，只是将输入的特征值传输给下一层；第二层为计算单元，并将结果输出。

当感知器应用到模式识别系统时，其网络结构可以由输入模式和输入类别来决定。设输入模式为 n 维特征向量 $\boldsymbol{X} = [x_1, x_2, \cdots, x_n]$，则感知器的输入层应有 n 个神经元。若输入类别有 m 个，则输出层应包含 m 个神经元。输入层的第 i 个神经元与输出层的第 j 个神经元的连接权值为 w_{ij}，则第 j 个神经元的输出为

$$y_j = f\left(\sum_{i=1}^{n} w_{ij} x_i - \theta_j \right) \tag{7.4}$$

其中，θ_j 为第 j 个神经元的偏置。

3．欧氏距离与矢量点积

欧氏距离

$$d_j = \left\| \boldsymbol{X} - \boldsymbol{W}_j \right\| = \left[\sum_{i=1}^{N} \left(x_i - w_{ji} \right)^2 \right]^{\frac{1}{2}} \tag{7.5}$$

矢量点积为

$$d_j = \boldsymbol{W}_j^{\mathrm{T}} \boldsymbol{X} = \sum_{i=1}^{N} w_{ij} x_i \tag{7.6}$$

4．径向基函数

径向基函数就是某种沿径向对称的标量函数。通常定义为空间内任一点 x 到某一中心 c 之间欧氏距离的单调函数，当神经元的输入离该中心点越远，神经元的激活程度就越低，隐节点的这一特性常被称为"局部特性"。

径向基函数 Φ_i 可以取多种形式：

①Gaussian 函数

$$\Phi_i(t) = \mathrm{e}^{-\frac{t^2}{\sigma^2}} \tag{7.7}$$

②Reflected sigmoid 函数

$$\Phi_i(t) = \frac{1}{1 + \mathrm{e}^{\frac{t^2}{\sigma^2}}} \tag{7.8}$$

③逆 Multiquadric 函数

$$\Phi_i(t) = \frac{1}{\left(t^2 + \sigma^2 \right)^{\alpha}} \tag{7.9}$$

式中，σ 为该基函数的方差，也称其为扩展常数（Spread）或宽度。显然，σ 越小，即径向基函数的宽度越小，基函数就越具有选择性。

当基函数为高斯函数时，其网络输出为

$$y_j = \sum_{i=1}^{h} \omega_{ij} \exp\left(-\frac{1}{2\sigma^2}\|x_p - c_i\|^2\right) \tag{7.10}$$

7.2　实验指导

7.2.1　前馈神经网络感知器的设计实现

1．实验内容

①使用 Matlab 编程实现单层感知器。

②调节学习率 η，观察不同学习率算法的收敛速度（迭代次数）。

③用单层感知器处理非线性分类问题，观察结果。

2．实验原理

①定义：单层感知器（Single Layer Perceptron）是最简单的神经网络，它包含输入层和输出层，而输入层和输出层是直接相连的。

②单层感知器模型，如图 7-2 所示。

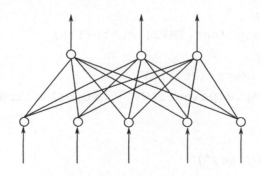

图 7.2　单层感知器模型

③单层感知器的学习算法。

训练步骤如下。

第一步，对各权值 $w_{0j}(0),w_{1j}(0),\cdots,w_{nj}(0)$，$j=1, 2,\cdots, m$（$m$ 为计算层的节点数）赋予较小的非零随机数。

第二步，输入样本对 $\{X_p, d_p\}$，其中 $X_p =(-1, x_{1p}, x_{2p}, \cdots, x_{np})$，$d_p$ 为期望的输出向量（教师信号），上标 p 代表样本对的模式序号，设样本集中的样本总数为 P，则 $p=1,2,\cdots,P$。

第三步，计算各节点的实际输出 $o_{jp}(t)=\mathrm{sgn}[W_jT(t)X_p]$，$j=1, 2,\cdots, m$。

第四步，调整各节点对应的权值，$W_j(t+1)=W_j(t)+\eta[d_{jp}-o_{jp}(t)]X_p$，$j=1, 2,\cdots, m$，其中 η 为学习率，用于控制调整速度，η 太大会影响训练的稳定性，太小则使训练的收敛速度变慢，一般取 $0<\eta\leq1$。

第五步，$p=p+1$，如果 $p\leq P$，则返回到第二步输入下一对样本，周而复始，直到对与所有样本，感知器的实际输出与期望输出相等。

3. 实验方法及程序

```matlab
P=[-1 -0.5 +0.3 -0.1;
   -0.5 +0.5 -0.5 +1.0];
T=[1 1 0 0];
plotpv(P,T);
disp('press any key')

pause

net=newp([-1 1;-1 1],1);
watchon;
cla;
plotpv(P,T);
linehandle=plotpc(net.IW{1},net.b{1});
E=1;
net=init(net);
linehandle=plotpc(net.IW{1},net.b{1});
while(sse(E))
    [net,Y,E]=adapt(net,P,T);
    linehandle=plotpc(net.IW{1},net.b{1},linehandle);
    drawnow;
end;
disp('press any key');
pause
watchoff;

p=[0.7;1.2];
a=sim(net,p);
plotpv(p,a);
ThePoint=findobj(gca,'type','line');
set(ThePoint,'Color','red');
hold on;
plotpv(P,T);
plotpc(net.IW{1},net.b{1});
hold off;
disp('end of 1')
```

4．实验结果与分析

由图 7-3～图 7-5 可知感知器对线性可分问题分类效果较好,但对于较复杂的分类效果不好,但是感知器作为神经网络的基础,是研究其他网络的基础,而且较易学习和理解,适合作为学习神经网络的起点。

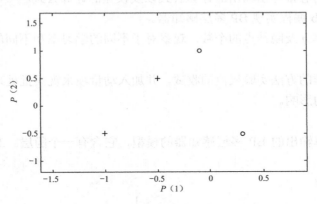

图 7-3　待分类的样本

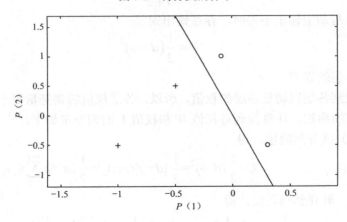

图 7-4　感知器对样本进行分类

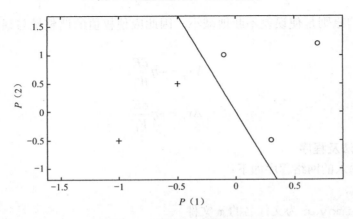

图 7-5　新加入一个样本点

7.2.2　基于 BP 网络的多层感知器

1．实验内容

①根据实验内容推导出输出的计算公式以及误差的计算公式。

②使用 Matlab 编程实现 BP 多层感知器。

③调节学习率 η 及隐结点的个数，观察对于不同的学习率和不同的隐节点个数时算法的收敛速度。

④改用批处理的方法实验权值的收敛，并加入动量项来观察批处理以及改进的的算法对结果和收敛速度的影响。

2．实验原理

一个单输入单输出的 BP 多层感知器的模型，它含有一个隐层。对其误差和权值的调整过程进行推导。

（1）变换函数

$$f_1 = \frac{1}{1 + e^{-x}} \tag{7.11}$$

当网络输出与期望输出不等时，存在输出误差

$$E = \frac{1}{2}(d - o)^2 \tag{7.12}$$

（2）计算各层的误差

把误差分配到各层以调整各层的权值，所以，各层权值的调整量等于误差 E 对各权值的负偏导与学习率的乘积，计算得到对权值 W 和权值 V 的调整量如下：

将式（7.12）展开到隐层，得

$$E = \frac{1}{2}(d - o)^2 = \frac{1}{2}[d - f_2(\text{net})]^2 = \frac{1}{2}[d - f_2(\sum_{i=1}^{i=j} w_i y_i)]^2 \tag{7.13}$$

将式（7.12）展开到输入层，得

$$E = \frac{1}{2}(d - o)^2 = \frac{1}{2}[d - f_2(\text{net})]^2 = \frac{1}{2}[d - f_2(\sum_{i=1}^{i=j} w_i f_i(\sum_{i=1}^{i=j} v_i x_i))]^2 \tag{7.14}$$

调整权值的原则是使误差不断地减小，因此应使权值的调整量与误差的梯度下降成正比，即

$$\Delta w_j = -\eta \frac{\partial E}{W_j} \tag{7.15}$$

$$\Delta v_j = -\eta \frac{\partial E}{V_j} \tag{7.16}$$

3．实验方法及程序

对于单本输入的网络程序如下：

```
%建立以 limoyan 为文件名的 m 文件
clc;
```

```
clear;
x=[-4:0.08:4];%产生样本
j=input('j=');%输入隐节点的个数
n=input('n=');%输入学习率
w=rand(1,j);%对权值w赋较小的初值
w0=0.5;%对权值w0赋较小的初值
v=rand(1,j);%对权值v赋较小的初值
v1=rand(1,j);%对权值v1赋较小的初值
x0=-1;%对阈值x0赋初值
y0=-1;%对阈值y0赋初值
err=zeros(1,101);
wucha=0;
erro=[];
Erme=0;
zong=[];
Emin=0.1;
d=zeros(1,101);%以初值0赋给期望输出
for m=1:101
    d(1,m)=1.1*(1.0-x(1,m)+2*x(1,m)*x(1,m))*exp(-x(1,m)*x(1,m)/
2);%以Hermit多项式产生期望输出
end;
o=zeros(1,101);
netj=zeros(1,j);
net=zeros(1,j);
y=zeros(1,j);
p=1;
q=1;
while q<30000   %设定最大的迭代交数
    for p=1:101 %计算隐层的输出
        for i=1:j
            netj(1,i)=v(1,i)*x(1,p)+v1(1,i)*x0;
            y(1,i)=1/(1+exp(-netj(1,i)));
        end;
        o(1,p)=w*y'+y0*w0+0.01*randn(1,1);%计算输出并给输出加上上定的
扰动
        wucha=1/2*(d(1,p)-o(1,p))*(d(1,p)-o(1,p));%计算误差
        err(1,p)=wucha;
        erro=[erro,wucha];
```

```
        for m=1:j; %调整各层的权值
            w0=w0-n*w0;
            w(1,m)=w(1,m)+n*(d(1,p)-o(1,p))*y(1,m);

v(1,m)=v(1,m)+n*(d(1,p)-o(1,p))*w(1,m)*y(1,m)*(1-y(1,m))*x(1,p);
            v1(1,m)=v1(1,m)+n*(d(1,p)-o(1,p))*w(1,m)*y(1,m)*
(1-y(1,m))*x0;
        end;
        q=q+1;
    end;
        Erme=0;
     for t=1:101;

        Erme=Erme+err(1,t);
        end;
    err=zeros(1,101);
    Erme=sqrt(Erme/101);
    zong=[zong,Erme];

        if Erme<Emin break; %误差达到允许值时停止迭代
    end;
end; %输入结果
Erme
plot(x,d,'-r');
hold on;
plot(x,o,'-.b');
xlabel('Hermit 多项式曲线与所构建 BP 网络输出曲线')
q
figure(2);
plot(zong);
xlabel('误差的收敛曲线')
```

命令窗口的输出如下：

```
j=5
n=0.05
Erme =     0.0996
q =        19999
```

4．实验结果与分析

由图 7-6～图 7-9 及表 7-1 和表 7-2 的实验结果分析可知。

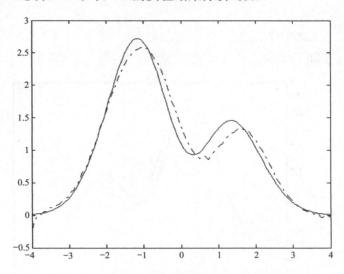

图 7-6　Hermit 多项式曲线与所构建 BP 网络输出曲线

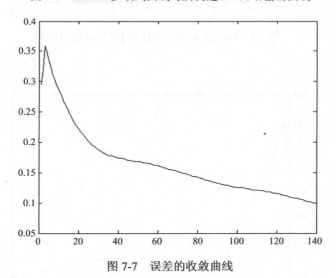

图 7-7　误差的收敛曲线

表 7-1　单样本训练统计

学习率 节点数	0.05	0.07	0.1	0.12	0.15	0.17
5	0.09360	0.08659	0.09784	0.09364	0.08725	0.09324
8	0.09921	0.08921	0.09458	0.09125	0.08457	0.09478
10	0.8925	0.08794	0.08527	0.09145	0.08412	0.09147
12	0.09784	0.09258	0.08796	0.09158	0.07836	0.08397

对于批处理的情况，命令窗口的输出如下：

```
j=10
n=0.1
Erme  =    0.0997
q  =     15757
```

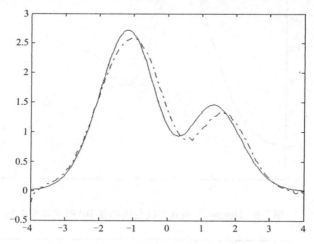

图 7-8　Hermit 多项式曲线与 BP 网络输出曲线

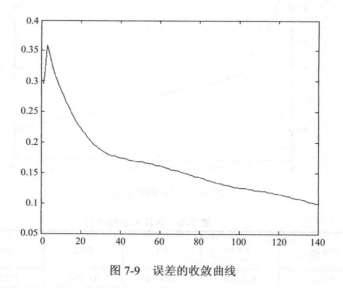

图 7-9　误差的收敛曲线

表 7-2　单样本训练统计

学习率 节点数	0.05	0.07	0.1	0.12	0.15	0.17
5	0.09906	0.09587	0.09457	0.09096	0.09914	0.09874
7	0.09258	0.09105	0.09267	0.09158	0.09457	0.09547
10	0.08942	0.09324	0.09128	0.08457	0.09217	0.09527
12	0.08596	0.08925	0.08759	0.09154	0.08247	0.09457

①增加动量项后算法后，权值的收敛方向向着一定的方向进行，由输出的数据可以看出这点，对于相同的节点数，相同的学习率，加入动量项后，收速度即迭代次数明显的降低。

②改变不同参数，对网络运行情况的影响：随着节点数的增多，收敛的概率和速度都会相应地有所增加，相应的误差会要小一点。但误差的大小除取决于节点外，还主要决定于到达允许误差时的值，所以总误差的值有一定的随机性。对于改变网络的学习率，小的学习率会使收敛更稳定一点，但是速度也会相对地慢一点，大的学习率在一定程度上能加快收敛的速度，但是稳定性要比小的学习率小得多。换句话说，大的学习率收敛的概率要小得多，很容易发散。所以说，随着学习的增大，迭代的次数会先减小后增大。大到一定程度，由于波动太大，结果就不再收敛。

7.2.3　自组织特征映射网络的设计/实现

1．实验内容

①熟悉并掌握 MATLAB 软件的相关操作。

②学习并理解 SOM 自组织特征映射网络的定义、结构及工作原理。

③采用 SOM 自组织特征映射网络对输入样本进行分类并用 Matlab 程序实现一个简单的示例。

2．实验原理

（1）自组织特征映射网络结构

自组织神经网络是无导师学习网络。它通过自动寻找样本中的内在规律和本质属性，自组织、自适应地改变网络参数与结构。自组织的特征映射是指将输入模式在所定义的距离测度下，映射成一维或二维模式后，其几何距离保持邻近不变。因此，自组织特征映射网络是将特征相似的输入模式聚集在一起，不相似的分得比较开。

SOM 自组织神经网络是层次型结构，典型结构包括输入层和竞争层，如图 7-10 所示。输入层主要接受外界信息，将输入模式向竞争层传递，起"观察"作用；竞争层则负责对输入模式进行"分析比较"，寻找规律，并归类。这两层的神经元实现完全互连。

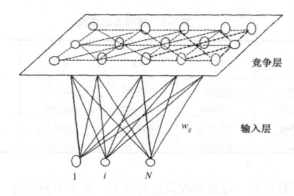

图 7-10　SOM 网络结构

由图 7-10 可以看出，特征映射网络是一个单层线性前向网络，采用竞争学习算法。

（2）自组织特征映射网络算法原理

自组织特征映射算法是一种无导师的聚类算法，它能将任意模式的输入在输出层映射成一维或二维离散图形，并保持其拓扑结构不变。在 SOM 神经网络中既可以学习训练数据输入向量的分布特征，也可以学习训练输入向量数据的拓扑结构。在权值更新时，不仅获胜的神经元的权值向量得到更新，而且其邻近的神经元也按照某个临近函数进行更新。

自组织特征映射算法步骤：

①设置初始权值，定义输出层神经元的邻域。

②输入新的模式向量 $X = [x_1, x_2, \cdots, x_n]^T$。

③设用欧氏距离做测度，计算输入模式到每个输出层神经元 j 的距离 d_j。

④选择与输入模式距离最小的输出神经元 $j*$。

⑤修改与 $j*$ 及其邻域中神经元连接的权值。

⑥转到②。

3．实验方法及程序

通过一个实例来说明 SOM 网络在聚类中的应用，利用 SOM 神经网络对输入二维向量进行聚类分析。具体实验过程如下：

①基于 MATLAB 平台编程建立 SOM 网络模型。

②随机生成 1000 个二维向量作为样本并绘出其分布。

③根据建立的 SOM 模型网络得到初始权值并绘出初始权值分布图。

④在相同的输出层神经元的拓扑结构条件下，分别对不同的步长和训练网络，绘出相应的权值分布图。

⑤对于训练好的网络，选择特定的输入向量，得到网络的输出结果。

MATLAB 程序代码：

```
%随机生成1000个二维向量，作为样本，并绘出其分布
P = rands(2,1000);
plot(P(1,:),P(2,:),'+r')
```

```
title('初始随机样本点分布');
xlabel('P(1)');
ylabel('P(2)');
%建立网络，得到初始权值
net=newsom([0 1; 0 1],[7 8]);
w1_init=net.iw{1,1}
%绘出初始权值分布图
figure;
plotsom(w1_init,net.layers{1}.distances)
%分别对不同的步长，训练网络，绘出相应的权值分布图
for i=10:30:100
    net.trainParam.epochs=i;
    net=train(net,P);
    figure;
    plotsom(net.iw{1,1},net.layers{1}.distances)
end
%对于训练好的网络，选择特定的输入向量，得到网络的输出结果
p=[0.1;0.7];
a=0;
a = sim(net,p)
```

4．实验结果与分析

首先，随机生成 1000 个二维向量作为输入样本的分布如图 7-11 所示。

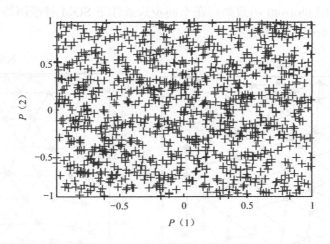

图 7-11　初始随机样本点分布图

接着建立 SOM 网络模型，本次实验采用 7×8 的六边形拓扑结构，确定聚类数据点的范围后就可以得到初始权值为[0.5,0.5]，初始权值分布如图 7-12 所示。

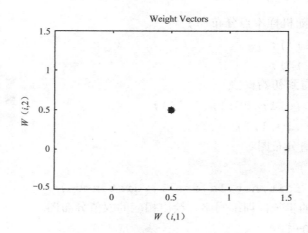

图 7-12　初始权值分布图

然后对该网络模型进行训练，该网络训练模型如图 7-13 所示。

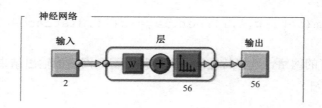

图 7-13　SOM 网络模型

为研究训练步长对 SOM 神经网络的聚类结果的影响，本次实验将输出层神经元均取为 56，且输出节点拓扑结构都设为 7×8 的条件下，以所有的输入向量作为训练样本，利用训练函数 train 和仿真函数 sim 对网络进行训练和仿真。此次实验设置步长 epochs 分别为 10、40、70、100，利用 plotsom 函数画出在不同步长条件下 SOM 神经网络特征映射图，它们的权值分布如图 7-14～图 7-17 所示。

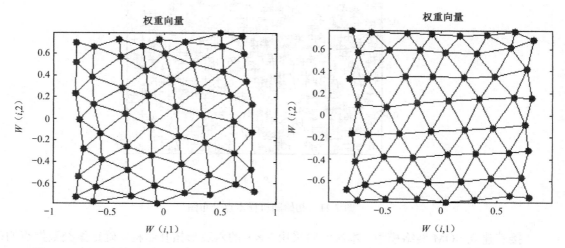

图 7-14　SOM 网络权值分布（epochs=10）　　　图 7-15　SOM 网络权值分布（epochs=40）

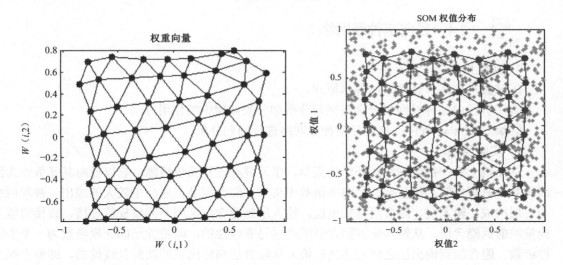

图 7-16　SOM 网络权值分布（epochs=70）　　图 7-17　SOM 网络权值分布（epochs=100）

由图 7-16 和图 7-17 可以看出，SOM 神经网络的学习就是使权值向量的方向朝着输入模式向量的方向进行调整，使各个权向量分别向各个聚类模式群的中心位置靠拢，同时使网络权向量几何点的排列与竞争层各神经元的自然排列基本一致。

可以看出，训练 10 步后，神经元就已经自组织地分布了，每个神经元开始能够区分输入空间的不同区域了。随着训练步数的增加，神经元的权值分布更合理，但当步数达到一定数目以后，这种改变就非常不明显了。

一般来说，训练步长越大，SOM 神经网络聚类结果越准确。最终的网络权值分布如图 7-17 所示，输出节点拓扑结构为 7×8 的 SOM 神经网络的聚类命中率如图 7-18 所示。由图 7-18 可见，本次实验所构建的 SOM 神经网络聚类模型成功地将图 7-10 中的样本数据分为 56 类，聚类结果与实际二维向量的分布是基本吻合的。

本次实验利用自己建立的 SOM 网络聚类模型对随机产生的二维向量进行聚类分析并得到了与实际相符的分类结果。

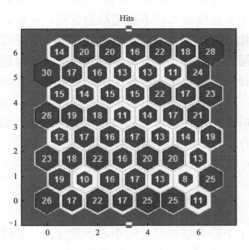

图 7-18　神经网络聚类命中率

7.2.4 径向基神经网络

1. 实验内容

①掌握径向基神经网络的基本原理。

②了解径向基神经网络分别在回归分析和分类问题中的使用方法。

③编写 Matlab 程序，使用径向神经网络进行回归分析。

2. 实验原理

从结构上看，神经网络拓扑结构简单，学习训练过程简单清晰。它以径向基函数作为激活函数，只有当输入信号靠近径向基函数中央时，隐含层节点才产生较大的输出，神经网络由三层构成：输入层、隐含层与输出层。输入层到隐含层之间不需要权值连接，直接将输入向量映射到隐含层。从输入层到隐含层的映射是非线性的，即隐含层的变换函数为一个非线性函数。隐含层到输出层之间有连接权值，从隐含层到输出层的映射是线性的，即整个网络的输出是隐含层输出结果的线性加权和。RBF 神经网络拓扑结构如图 7-19 所示。

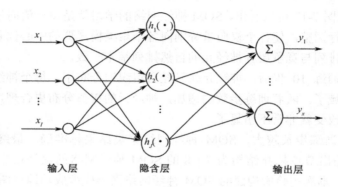

图 7-19　RBF 神经网络拓扑结构

第一层为输入层，由信号源节点组成。输入节点的个数为输入样本的维度。假设有个 N 输入样本，则每个输入样本为 I 维列向量，即 $\boldsymbol{X} = (x_1, x_2, \cdots, x_I)^\mathrm{T}$，样本列向量的每一个元素作为输入层的节点。该层主要是将输入样本传递给隐含层。在此之前，需要对输入样本做数据标准化处理，比如归一化等，使得各节点输入值处于同一数量级，避免量纲影响。

第二层为隐含层，隐含层神经元的个数 J 随着要解决的问题而不同，每个隐节点的激活函数采用径向基函数。径向基函数是一种关于中心点对称、径向衰减的非负非线性函数，该函数具有局部响应功能。隐含层对输入矢量进行非线性变换，将低维的输入矢量映射到高维空间内，在高维空间中解决原本在低维空间内不可解的问题。假设隐含层节点数为 J，隐含层则是通过映射将 I 维的输入矢量映射到 J 维空间内。

隐含层第 j 个神经元的输出为：

$$h_j(\boldsymbol{X}) = \phi\left(-\frac{\left\|\boldsymbol{X} - c_j\right\|}{\sigma_j}\right) \tag{7.17}$$

式中，c_j 和 σ_j 分别是第 j 个隐含层神经元的中心和宽度；c_j 的维度与输入节点的个数是相同

的，也是一个 I 维向量；$\|\cdot\|$ 是欧几里得距离；$\phi(\cdot)$ 是径向基函数。

第三层为输出层，对隐含层的输出做出响应。假设输出层节点数为 K，则该层是将隐含层空间映射到输出层，映射为 $\mathbf{Y}=(y_1,y_2,\cdots,y_n)^{\mathrm{T}}$。映射函数是一个线性函数，通过连接权值对隐含层各层输出结果的线性组合，表达式如下：

$$y_k = \sum_{j=1}^{J} w_{jk} h_j(\boldsymbol{X}) \qquad k=1,2,\cdots,K \qquad (7.18)$$

式中，w_{jk} 是第 j 个隐含节点到第 k 个输出节点的连接权值。

径向基函数是多维空间插值的传统技术，可以看作一个高维空间中的曲面拟合逼近问题，在多维空间中寻找一个能够最佳匹配训练数据的曲面，然后用训练好的曲面来处理测试数据。神经网络隐含层里的径向基函数里的基函数就是一个函数集，该函数集在将输入矢量映射至隐含层空间时，为其构建了一个任意的"基"。这个函数集内的函数都被称为径向基函数。

3. 实验方法及程序

```
P=-1:0.1:1;
T=[-0.9602 -0.5770 -0.0729 0.3771 0.6405 0.6600 0.4609 0.1336
-0.2013 -0.4344 -0.5000 -0.3930 -0.1647 0.0988 0.3072 0.3960 0.3449
0.1816 -0.0312 -0.2189 -0.3201];
%以输入向量为横坐标，期望值为纵坐标，绘制训练用样本的数据点。
figure;
plot(P,T,'+')
title('训练样本')
xlabel('输入矢量 P')
ylabel('目标矢量 T')
grid on
%目的是找到一个函数能够满足这 21 个数据点的输入/输出关系，其中一个方法是通过构建径向基函数网络来进行曲线拟合
p=-3:0.1:3;_
a=radbas(p);_
figure;_
plot(p,a)_
title('径向基传递函数')_
xlabel('输入 p')_
ylabel('输出 a')_
grid on
% 每一层神经元的权值和阈值都与径向基函数的位置和宽度有关系,输出层的线性神经元将这些径向基函数的权值相加。如果隐含层神经元的数目足够，每一层的权值和阈值正确，那么径向基函数网络就完全能够精确的逼近任意函数。
a2=radbas(p-1.5);_
a3=radbas(p+2);_
```

```
a4=a+a2*1+a3*0.5;_
figure;_
plot(p,a,'b-',p,a2,'b-',p,a3,'b-',p,a4,'m--');_
title('径向基传递函数之和')_
xlabel('输入 p')_
ylabel('输出 a')_
grid on
```

% 应用 newb() 函数可以快速构建一个径向基神经网络，并且网络自动根据输入向量和期望值进行调整，从而进行函数逼近，预先设定均方差精度为 eg 以及散布常数 sc。_

```
eg=0.02;_
sc=1;_
net=newrb(P,T,eg,sc);_
figure;_
plot(P,T,'+');_
xlabel('输入');_
X=-1:0.01:1;_
Y=sim(net,X);_
hold on;_
plot(X,Y);_
hold off;_
legend('目标','输出')_
grid on_
```

4. 实验结果与分析

实验结果如图 7-20～图 7-22 所示。

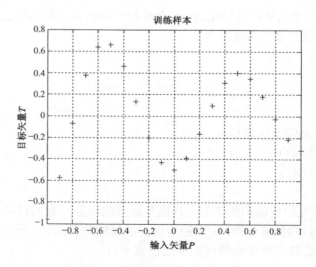

图 7-20　目标矢量与输入矢量

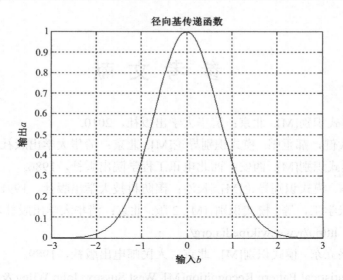

图 7-21 径向基传递函数

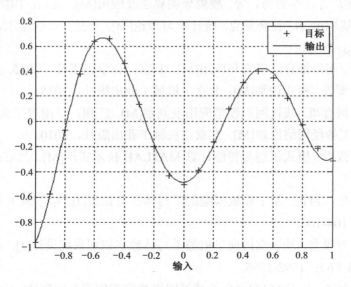

NEWRB,neurons=0,MSE=0.176192

图 7-22 目标与输出值

从实验结果可以看出径向基神经网络对训练样本的拟合情况较好,均方误差为 0.176 192。

参 考 文 献

[1] 张学工. 模式识别[M]. 北京：清华大学出版社，2010.

[2] 齐敏，李大健，郝重阳. 模式识别导论[M]. 北京：清华大学出版社，2009.

[3] 蔡元龙. 模式识别[M]. 西安：西北电讯工程学院出版社，1986.

[4] 沈清，汤霖. 模式识别导论[M]. 长沙：国防科技大学出版社，1991.

[5] 边肇祺，张学工，等. 模式识别 [M]. 2 版. 北京：清华大学出版社，2000.

[6] 维基百科：http://www.wikipedia.org/.

[7] 罗光耀，盛立东. 模式识别[M]. 北京：人民邮电出版社，1989.

[8] Webb A. Statistical Pattern Recognition[M]. West Sussex: John Wiley & Sons Ltd.,2002.

[9] 曲福恒，崔广才，李岩芳，等. 模糊聚类算法及应用[M]. 北京：国防工业出版社，2011.

[10] [美]弗拉基米尔 N. 瓦普尼克. 统计学习理论[M]. 许建华，张学工，译. 北京：电子工业出版社，2015.

[11] 姜伟. 子空间降维算法研究与应用[M]. 北京：科学出版社，2015.

[12] 宋丽梅，罗菁. 模式识别[M]. 北京：机械工业出版社，2015.

[13] 李元章，何春雄. 线性回归模型应用及判别[M]. 广州：华南理工大学出版社，2016.

[14] 马锐. 人工神经网络原理[M]. 北京：机械工业出版社，2010.

[15] 杨淑莹，张桦. 模式识别与智能计算 MATLAB 技术实现[M]. 北京：电子工业出版社，2015.

[16] 高彤，姜华，吕民. 基于模板匹配的手写体字符识别[J]. 哈尔滨工业大学学报，1999，31（1）：104-106.

[17] 蒙庚祥，方景龙. 基于支持向量机的手写体数字识别系统设计[J]. 计算机工程与设计，2005，26（6）：1592-1598.

[18] 毛群，王少飞. 基于 MATLAB 的神经网络数字识别系统实现[J]. 中国西部科技，2010，9（19）：22-24.

[19] 乔万波，曹银杰. 一种改进的灰度图像二值化方法[J]. 电子科技，2008，21（11）：63-64.

[20] 甘玲，林小晶. 基于连通域提取的车牌字符分割算法[J]. 计算机仿真，2011，28（4）：336-339.

[21] 赵斌，苏辉，夏绍玮. 一种无约束手写体数字串分割方法[J]. 中文信息学报，1998，12（3）：21-28.

[22] 田其冲，文灏. 基于边缘的快速图像插值算法研究[D]. 武汉：华中科技大学，2013.

[23] 吴佑寿，丁晓青. 汉字识别原理与实现[M]. 北京：高等教育出版社，1992.

[24] 余正涛，郭剑毅，毛存礼. 模式识别原理及应用[M]. 北京：科学出版社，2014.

[25] 张庆国，张宏伟，张君玉. 一种基于 k 近邻的快速文本分类方法[J]. 中国科学院研究生学报，2005，22（5）：555-559.

[26] 田苗苗. 基于决策树的文本分类[J]. 吉林师范大学学报，2008，29（1）：54-56.

[27] 李静梅，孙丽华，张巧荣，等. 一种文本处理中的朴素贝叶斯分类器[J]. 尔滨工程大学学报，2003，24（1）：72-73.

[28] 李颖，李志强. 基于 Lucene 的中文分词方法设计与实现[J]. 四川大学学报（自然科学版），2008，45（5）：1096-1099.

[29] 化柏林. 知识抽取中的停用词处理技术[J]. 知识组织和与知识管理，2007，23（8）：48-51.

[30] 王方美，刘培玉，朱振方. 基于 TFIDF 的特征选方法[J]. 计算机工程与设计，2007，28（23）：5795-5799.

[31] 袁方，苑俊英. 基于类别核心词的朴素贝叶斯中文文本分类[J]. 山东大学学报，2006，41（3）：47-49.

[32] 曾阳艳，叶柏龙. 基于PCA方法的人脸特征提取和检测[J]. 人工智能及识别技术，2008：742-744.

[33] 蔡晓曦，陈定方. 特征脸及其改进方法在人脸识别中的比较研究[J]. 计算机与数学工程，2007，35（4）：117-119.

[34] 周昌军，白春光. 基于个人特征脸图像重构的人脸识别[J]. 数据采集与处理，2008，23（6）：688-690.

[35] 谢赛琴，沈福明，邱雪娜. 基于支持向量机的人脸识别方法[J]. 计算机工程，2009，35（16）：186-188.

[36] 宋晖，薛云，张良均. 基于SVM分类问题的核函数选择仿真研究[J]. 计算机与现代化，2011（8）：134-136.

[37] 王明齐. 基于 HMM 的孤立词语音识别系统的研究[D]. 长沙：中南大学，2007.

[38] 路青起，白燕燕. 基于双门限两级判决的语音端点检测方法[J]. 电子科技，2012，25（10）：13-15.

[39] 张晶，范明，冯文全，等. 基于 MFCC 参数的说话人特征提取算法的改进[J]. 语音技术，2009，33（9 0；61-64.

[40] 于江德，樊孝忠，尹继豪. 隐马尔可夫模型在自然语言处理中的应用[J]. 计算机工程与设计，2007，28（22）：5514-5516.

[41] 赵力. 语音信号处理[M]. 北京：机械工业出版社，2003.

[42] 王钟裴，王彪. 基于短时能量——LPCC 的语音特征提取方法研究[J]. 计算机与数学工程，2012（11）：79-80.

[43] 贾宾，朱小燕. 消除溢出问题的精确 Baum-Welch 算法[J]. 软件学报，2000，11（5）：707-710.

反侵权盗版声明